我們來出一本新一代的教養書，
不假掰的那種。
榮幸之至！那我來寫廢文，
你寫對家長有幫助的那些？
呃…你不知道
我江湖人稱廢文帝嗎？

無意良母

文——賴曉妍、葉丙成

圖——賴曉妍

目次

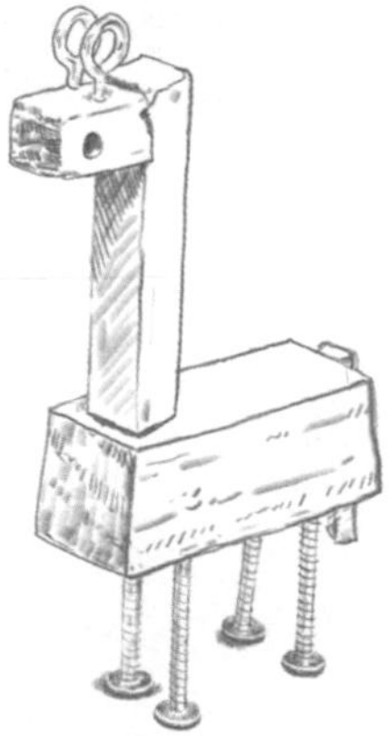

03 花錢讓我心情不好

04 當畫家、設計師，還是考古學家？

05 教創作，不如教感受

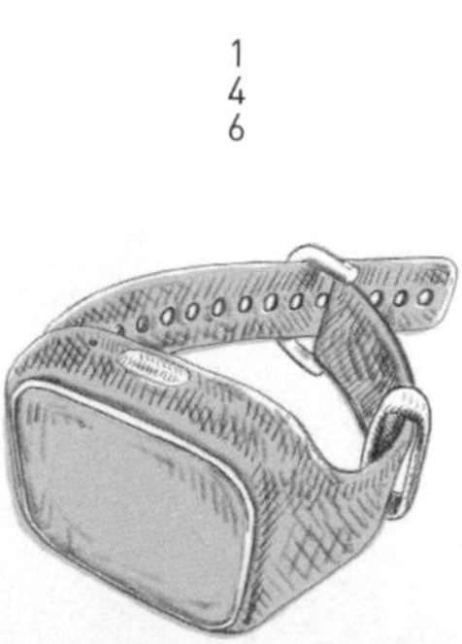

教養江湖

賴馬

賴府
話說教養界各大門派又在賴家莊切磋武藝。
忽然間，孩子們起了衝突，一個小孩大哭走了過來……
唬爸唬媽派
爹爹數到三，立刻閉上嘴！
1
2
2.1
2.2
2.3
……
理性分析派
拿出醫學數據和腦構造圖
乖孫子，你大腦中掌管思考和決策的前額葉皮質區還沒發育完全，但管理情緒的杏仁核卻發育得較快，於是還不能好好理性思考的時候，先讓快速反應的情緒做了決定%#&$@……

孩子我懂你派
阿嬤知道，你很難過，
你很難過對嗎？對吧？
對嗎？
步驟一二三派
一，先讓問題
跑一～會～兒
再等一下，咕兒！
姑姑先估狗一下。

這時，一道白影飄出。
「啊！是賴莫愁。」眾人驚呼。
小咕，只能再玩半小時，
你打算繼續哭，還是趕快
再去玩一下？
旋轉～
灑花～
飄～
話還沒說完，
小孩已經去玩了。
嗯，是曉妍派！

作者序——

生母雖廢猶榮

賴曉妍

「女人，在愛情中，你要溫柔似水、要善解人意、要從容優雅，如此一來，男人才不會離開你。」（字正腔圓的旁白聲響起）

女人啐了一口，然後拿起身旁的一本教養書。裡面寫著：「母親，在親子之間，你要溫和堅定、要支持欣賞、要充滿智慧，如此一來，一定能養出優秀的好孩子。」

這時，女人握緊拳頭，立誓一定要做到最好。

誠心的，佩服這份精神，然而我早在三個孩子的截然不同裡，了解那求好心切，很可能只是一種控制欲吧！

三，在任何象徵符號中，幾乎不帶有負面的含義。然而三個孩子，對老母來說卻是疲勞的總和。

還在整理書稿的這天晚上，我第無數次試著要孩子們自己去睡又失敗了。陪睡的時間，我一邊和三隻閒聊，一邊滑手機不讓自己睡著。

次女問道：「媽咪，你的書裡寫什麼？」

「寫你們的壞話啊！」我說。

兒子來了，不滿又傷心地說：「你不喜歡我們嗎？你不想生我們嗎？」

長女回應弟弟：「你不知道養小孩多花錢嗎？沒生我們三個，媽咪就是有錢人了！」她一向實際。

不說還好，說完惹得兩隻小的更難過了，咿咿嗚嗚就要哭起來。

還在趕稿地獄中，一心只企盼著孩子睡著要去寫稿的老母告訴自己，那內心刮起的不是凜冽寒風，是冷氣開太涼。

你們別哭，該哭的是我啊！但哭？但凡你還有精神哭，就是累得還不夠徹底，這是所有資深生母都理解的事。

我甩甩頭，拿起手機快速地找出三隻年幼時的影片。

孩子們不明所以，但都被影片吸引，一時忘了那個要追究媽媽到底有沒有母愛的重大議題。小時候的孩子真的好可愛啊！影片看到最後連他們自己都笑得樂不可支。

看得都睏了，他們趴在我身邊。

「養小孩很累是真的，很花錢也是真的……」

我說：「但是你們帶來更多的是快樂。」

這本書也一樣，希望能讓人輕鬆地看完，也能在無形中，帶給讀者、家長們一點溫暖的、好的影響。

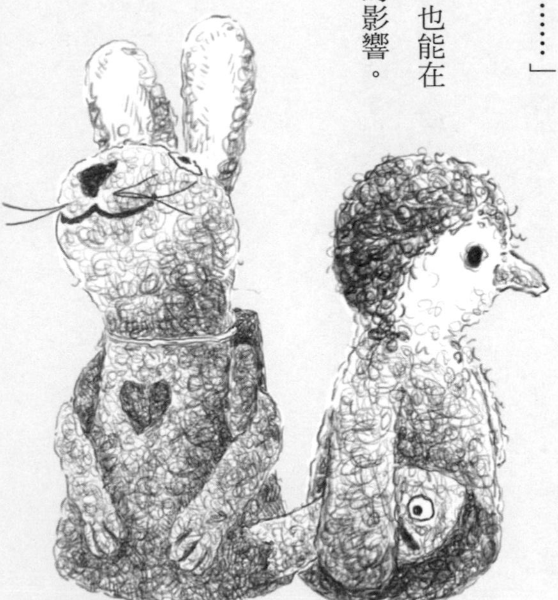

作者序——

獻給全天下為教養而焦慮的爸媽們

葉丙成

很難想像，竟然會跟一個在現實世界見面講話不超過五次的人，合寫這本書。之所以會合寫出書，是因為當初看到這些故事，每個都那麼真實卻也那麼有趣！更棒的是，我發現字裡行間蘊藏了很多教養小孩的心法，可以幫助許多認真教養小孩的爸媽不再那麼焦慮。我開始思索，若能讓這些故事跟背後的教養智慧能清楚地被更多人看到，那該有多好！於是在這樣的想法下，催生了這本書。

會認識曉妍，一開始是幾年前偶爾看到這個名字在我臉書文章下留言。留言的文字或諧或廢，常令人莞爾。自詡為廢文界翹楚的我（自已真敢說），一直對這類人有種敏銳的雷達，有點像是……吸血鬼很快就會察覺到附近的吸血鬼。我隱約覺得這人是個厲害的角色，後來好奇去她臉書頁面看到她寫的育兒日記，我驚為天人！這個人，怎麼有辦法把教養小孩、每天柴米油鹽的故事寫得這麼有趣！

要知道身為廢文界翹楚的我（又說一次），看到這類的文章故事，很少有能讓我打從心底佩服的。因為我一向認為廢文的最高境界，不是為了廢而廢；廢文的最高境界，是要能做到「以廢文載道」。在輕鬆詼諧的廢文裡，能意在言外地傳達重要理念，這才是廢文的最高境界！能做到這樣的作者並不多，但曉妍的育兒日記，正是這種以廢文載道的極品。

每次看曉妍的育兒日記，總覺得好有畫面感，而且看到最後都會哈哈大笑。但笑完之後，你會忽然發現，這故事好像有要傳達些什麼？再深究一陣，你會發現那些讓人覺得好笑的點，往往是他們親子對話中出現了與世人教養孩子常態觀念所不合的價值觀，因而讓讀者發噱。這些與世俗常態所不合的教養觀，正是她這些故事最重要的精華！幾年前她的長女來我所辦的「無界塾實驗學校」就讀，我也因而對這些教養觀，有了更實際的觀察與討論。我發現曉妍的這些教養觀，跟我們無界塾的許多辦學理念是一致的！

也因此在這幾年，長女在各面向長出了很棒的能力。

大凡在台灣的爸媽，只要是很認真關心孩子教育的，多半都很焦慮。焦慮孩子好像都在浪費時間，焦慮孩子好像都沒長進，焦慮孩子考試輸人家，焦慮孩子家教不如人，焦慮別家孩子學了什麼，焦慮別家孩子表現比自己孩子好，焦慮要選哪個幼兒園／安親班／補習班／家教／才藝班，焦慮要怎麼比別人更早起跑來栽培孩子……

在台灣當爸媽真的好辛苦！好像沒一件事不讓爸媽感到焦慮的。畢竟教養小孩這檔事，是要二十年後才知道孩子有沒有成才。在還沒開獎前，爸媽為求自己心安，只好一再地跟別人家比較，希望能藉以確認自己做的是對的。但矛盾的是，這種比較卻反而讓爸媽更加焦慮。

我每次看曉妍寫的教養故事，就覺得她好像那個被張三丰傳授太極拳，把招式全忘光而拳法終於大成的張無忌。做為三個孩子的媽媽，她教養孩子的方式沒有半點花俏招式。乍看似是無招，但其中的內功心法才是關鍵，裡面蘊含很多的耐心與智慧。這樣的教養觀若能讓更多爸媽看到，可以解放很多爸媽的教養焦慮！也因此我鼓勵曉妍把這些故事集結出書，並且毛遂自薦，為這本書撰寫我從故事中所觀察到的種種重要教養觀。

很高興經過一段時間的努力，這本書終於能夠問世！我相信這本書裡的育兒日記故事，會讓很多爸媽看了開懷大笑。大笑之餘再看我寫的觀察筆記，細細思索當中的教養觀。你會成為一個更有勇氣、更有信心、更有耐心的爸媽，並能早日從「因焦慮汲汲營營而更焦慮」的惡性循環中解脫。

身為廢文界翹楚（是多沒信心，要這樣一直強調），真心推薦這本書給各位。不但好讀，而且有趣，還能解除爸媽教養的焦慮。這本《無意良母》，三個願望一次滿足！

01

為了孩子，
我願做廢裡的良母

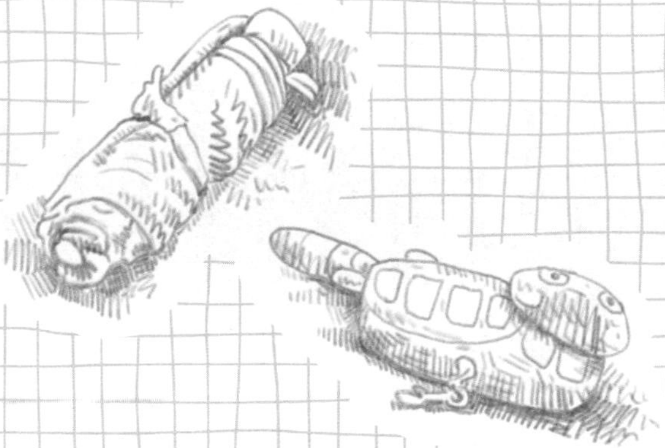

那些小新教會我們的事

「媽咪媽咪，我們待會吃飽飯可以看半小時蠟筆小新嗎？」都還沒開飯，孩子們就跑來廚房問。

現在是晚上七點。對，我還在煮晚飯。

「不好吧？你們都還有事要做，而且要早睡啊！」我一面回應，同時加快備餐的速度。

長女開學兩週後才收到筆電，累積了不少作業得補，次女的百位數乘法還算得零零落落，兒子學校英文課和閩南語課要聽的音檔還沒聽……

小孩問道：「你小時候難道都是事情做完才看影片的嗎？」企圖使出同理心策略。

「當然都是先看再說啊！」資深老母以坦言不諱接殺直球。

「但沒辦法，我現在已經是個好媽媽了，不實際一點不行！」我問：「不然你們說說，看蠟筆小新能獲得什麼，我再考慮。」一臉算準他們說不出來，手裡繼續處理我的萬無一失氣炸柳葉魚。

接著，三隻開始積極爭取看影片的可能。

「我從蠟筆小新裡知道什麼是『B級美

食』，我也愛B級美食，所以我本身就是一個B級人吧！」（自我價值相關）

「小新把老師的笑形容得很好，他說那叫『含笑九泉』。」（成語學習相關）

「小新說，做錯事一定要說對不起，因為幼兒園的小朋友都這麼做。」（認錯的勇氣相關）

「廣志（小新的爸爸）也常常講出很有道理的話，像是：『夢想不會逃走，逃走的一直都是自己。』」（心靈雞湯相關）

「小新還說，如果有下輩子，他要當一條被子。不是躺在床上，就是在曬太陽……

咦，那不是跟你一樣嗎？媽咪！」

我聽完他們你一言我一語、迅速疊加的看片理由，著實震驚。

天啊！難道一直以來，我都錯怪蠟筆小新了，原來這是一部如此富有教育意義的卡通。

「孩子們，今天一小時大放送！」（歡呼聲）

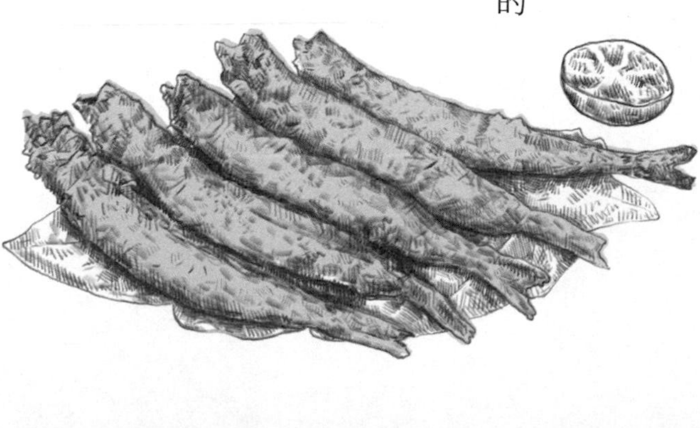

生母的雲淡風輕

今天長女跟同學有約，說要一塊去逛街，然後在咖啡店寫作業。

行程她和同學都詳細列表了：幾點在哪集合、幾點到幾點用餐、逛百貨、買衣服，還預訂了一間可以玩貓咪的咖啡店喝午茶。

我覺得這樣挺好，還嫌女兒平常太宅了，自己小時候假日是絕不會待在家的。

出門前，我上下巡了一遍她的裝備，拿出自己的側背袋讓她裝筆電，塞了一顆充飽電的行動電源、一小瓶水和隨身紙巾等等。

怎料，愈是準備，老母竟傷感了起來。

長大的孩子，如此從容地赴約，獨自行動。我的女兒她、她……真的是長大了啊！

（拭淚）

雖然十多年來，也經常放生小孩，但幾乎都還算在眼皮子底下。遇到這種看不見人的，實在很考驗一個想像力過度豐富的親娘，在孩子外出的幾個小時內，不會讓腦裡浮現的各種意外把自己給嚇死。

記得孩子們還很小的時候，每週有一天，會去家附近的畫室做美勞。走路不用五分鐘的距離，只需要過一條馬路，再穿過社區裡的小公園就到了。

偶爾讓孩子們自己去，他們總央求著要我陪，生母狠心地口頭上拒絕後，孩子們前腳剛出門，沒用的老母立刻尾隨在後，跟路上的電線杆和車輛融為一體。

都說皇后要大度，但臣妾、臣妾做不到啊！烏拉那拉氏蔡少芬哭喊。（請參電視劇《甄嬛傳》。）

長女出門後，要安撫想跟路的弟弟妹妹，還要忍住不查勤以免女兒人在江湖覺得丟臉，活到這把年紀，總算懂了什麼叫識大體。

幾個小時後，她回到家了。一進家門，就立刻奔進我工作室裡呱啦呱啦講今天發生的事。

靜靜聽完，「去洗手吃飯吧。」我雲淡風輕地說。

充實過日子的孩子

這天出門只帶了長女，讓她學著在身邊幫忙一些雜事。有些事務，如果被歸類為「大人的事」，孩子便會漸漸地習慣不聞不問，也覺得自己不該學會。

只是，在外奔波整天的我倆疲憊地回到家，一進門迎接我們的居然是這番慘絕人寰的景象。一眼望不盡的混

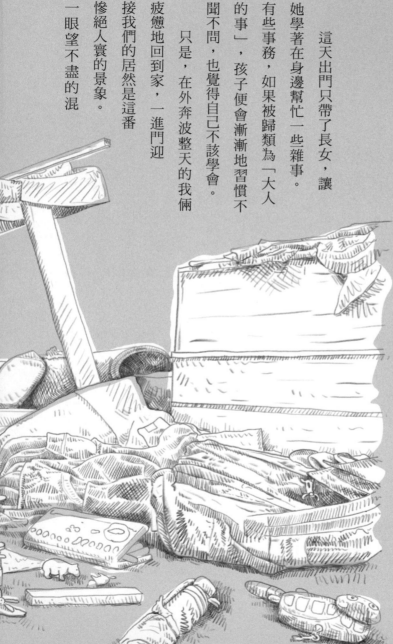

亂，大量物品停留在令人疑惑的位置，以超現實的狀態散落在視線的可及與不可及之處……

趁著雙腿無故痠軟無力，也許是心理影響生理之際，我轉頭問身邊一同目睹案發現場的長女：「你覺得，正常媽媽看到家裡變成這樣，會怎麼想？」

「嗯，忙了一天回到家竟是如此被熱烈歡迎著，看來孩子們都有充實地在過日子呢！」不帶一絲情緒，長女皮笑肉不笑地說。

「聽你在放……」

資深生母的從容

今天早上家裡很安靜，太安靜了。

我思索著，在心中盤點：老大應該在做功課、老二出門，那……么子呢？想到這裡，不妙啊！我立即起身快步走出工作室。

來到居家的公共空間，映入眼簾的敞亮與和諧，那是我最喜歡的畫面，家庭成員各做各的事，寧靜和美。

因為長時間在家工作，所以我花了許多心思讓小孩養成自娛自樂的習慣。看來如今，三個孩子都很擅長自己找事情做了，這是多麼令人欣慰的成效。

只是，愈走近，我看著兒子手上和身旁散落的東西，愈覺得眼熟。那些，依稀不是筆，是眉筆和眼線筆，不是口紅膠水，而是口紅本人。

仔細看，兒子正運用母親的昂貴化妝品，發揮高超的擬真手繪技術，彷彿是好萊塢片場的特殊彩妝師，正在為一場動作片描繪出幾可亂真的受傷特效妝。並且為了力求逼真，在使用材料的部分，也有著專業的大器與灑脫。

最後，我意識到，這次圖個清靜的成本頗高啊！

於是我默默地敲著腦中的小算盤，用各個視角與立場去審視評估眼前的狀況：畢竟現在出門都戴口罩，有些彩妝品實在用不到；小男孩學會用防水眼線筆，或許也符合所謂「學到的都不會浪費」；

根據生母的反應，留給孩子的童年回憶是「母親真是個通情達理的人」，或是「當時被老媽毒打一頓」……看著專注的孩子，我內心暗自做出選擇。

靜待他都畫得滿意了，抬起頭，天真地問：「像嗎？」

「嗯，像啊。」慈母微笑回應。

接著，我領他進浴室，仔細地教他使用卸妝油的步驟：「記得喔，手要是乾的，要乳化完全。」叮囑完畢，我便回房繼續工作。

我想，這就是生養孩子十多年資深生母的從（ㄈㄤˋ）容（ㄑㄧˋ）。

小時候比較可愛

吃早飯時在閒聊，孩子們票選出小時候可愛，但長大變醜很多的動物。有雞、海豹、樹懶……

「為什麼動物通常都是小時候比較可愛啊？」小孩問。

我回答：「因為要讓人想照顧啊！這樣就能好好活下來。」好像曾經在哪看過這樣的說法。

「如果不可愛呢？」小孩接著問。

我回答：「那就要個性好。」

「如果個性也不好呢？」小孩又問。

我回答：「那最好媽媽要很有愛。」

「如果媽媽沒有愛呢？」小孩再問。

「那就要特別強壯、聰明有能力，還要聽媽媽的話、勤勞多做家事、起床不用人家叫，如此可能還有一絲活下來的機會。」

話還沒說完，三隻開始鬼哭，說他們也許活不到長大。

生母的身教

葉教授觀點——

這幾篇生母跟孩子，特別是跟長女之間的故事，寫得非常有趣，讓人看了忍不住捧腹。但除了好笑有趣之外，您還有看到什麼奧祕嗎？

一直以來，華人社會中家長的角色，總是非常具有威嚴的。不管什麼事情，都是爸媽說了算。所有事情的價值、對錯，都是由爸媽決定。爸媽在孩子面前，總是扮演著「我永遠不會錯」、「我永遠是對的」、「我最厲害」、「照我的話做就對了」這種角色。對孩子來說，爸媽彷彿全知全能的神一般。但天知道，我們都是凡人，都是會挖鼻屎、想貪小便宜，人格上充滿瑕疵的凡人（如果您不會挖鼻屎，我對這樣的指責跟您道歉）。我們當爸媽的，怎麼可能永遠都不會錯？但許多爸媽在孩子面前，總要扮演自己是最對、最好、最厲害、最有道理的完美形象。

當爸媽都扮演這樣的形象時，孩子感受到的是什麼？他有很大的壓力。因為當爸媽都在裝「完美」的同時，對比的就是孩子充滿「瑕疵」與「問題」。孩子動不動就會被爸媽指正他不夠好、不夠完美的地方。但您有沒有發現，當您這樣做的時候，有的孩子常常會在同樣的問題一講再講後，還是一犯再犯？

因為有的孩子已經被養成一個慣性：當有一個遠較於他「完美」、「優秀」的爸媽在監督他沒做好的地方，他只要等人家跟他說「沒做好」的地方就好。他自己沒有什麼內在動機，去試著覺察自己有什麼問題。反正只要沒有人盯他、說他不好，對他來說就是一種解脫了，還花時間去三省吾身？怎麼可能！

另外，如果爸媽總是扮演指導者、價值制定者、對錯仲裁者的角色，孩子的思辨能力也會跟著受挫。大家常說，要培養孩子的獨立思辨能力，才能夠自己判斷事情的是非對錯。但大家往往忽略了，要做到這件事最重要的關鍵，就是要給孩子一個安全的氛圍，願意把自己不夠成熟的想法說出來。這樣爸媽才有機會跟他討論、辯論，讓他覺察到自己思考的盲點進而修正。

如果爸媽總是扮演指導者、仲裁者的角色，大部分的孩子其實不敢隨便把自己的想法說出來，尤其是像曉妍家長女這種即將步入青春期的年紀。「我幹嘛把我的想法說出來，被你們評斷對錯？我才不要講，省得被你們罵！」這是許多孩子心中的想法。這就是因為爸媽過去並沒有跟孩子建立一個安全、信任的關係，讓他可以不害怕把想法跟爸媽說。如果孩子無法自在地跟爸媽或老師說自己的想法，平常話只跟同學說，那他就很難有機會了解自己的盲點跟問題，想進步就更困難了。

所以要怎麼樣讓接近青春期的孩子敢跟您說話？敢跟您表達自己的想法？敢在您面前自在地展現自我？這就是曉妍最厲害的地方，這當中的奧祕是什麼，您看出來了嗎？答案就是兩個字：「裝弱」！

您看曉妍跟長女的相處，乍看會覺得好像媽媽在孩子面前，展現出人格上的瑕疵？其實您會發現，曉妍在長女面前並沒有掩飾自己的不完美，甚至讓長女覺得媽媽有時很幼稚。當媽媽裝弱的時候，長女就不會有壓力。甚至她認為自己的一些想法不比媽媽差，所以她就能很自在地跟媽媽說，甚至可能是想教育媽媽。所以，話就一直說出來了，而且孩子也有更大的內在動機去讓自己變得更好。因為在她心中覺得，不能靠媽媽啊，要靠自己才能變得更好！

回想一下，您過去在孩子面前所扮演的角色，是不是都是完美的指導者，或仲裁者的角色呢？您的孩子是不是很少自在地跟您分享他的想法呢？如果是的話，不妨先從學習曉妍的「裝弱」開始，會有意想不到的效果喔！

02

七歲的創業家

許多人問我，怎麼把孩子養得有創意？

事實上，出發點並不是培養創意，是養成自己找事做的習慣，簡稱瞎忙素養。（沒有這種東西！）

小孩醒著的時候如果一直在旁邊媽媽媽媽媽媽的要我等到小孩睡著再工作但怎麼可以他們睡了老母還要吃宵夜追劇啊～

UUQ老闆上工囉！

中午有場會議，約在家裡開。

早在幾天前就預告孩子們了，他們還問我有什麼新的提案呢。「提案？沒有啊！」老母已經到了多一事不如少一事，與世無爭的（懶鬼）階段了。「總之家裡過兩天有客人，別搞得太亂。」我再三提醒。

當日清早，兒子小咕從房間捧出一座用垃圾做成的組合式垃圾……啊，不是！應該說是用紙類組合成的神祕物體。他喜孜孜地說，今天要跟來開會的出版社老闆介

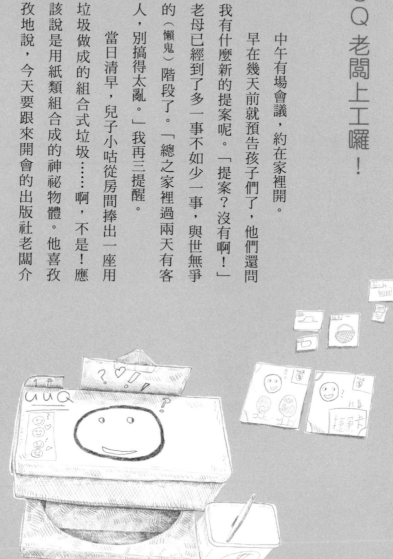

紹這個。為此，他還取了響亮的公司名稱叫UUQ、設計了醒目的logo、幾款手繪型錄、機器分布地圖（機器並配有刷卡機和現金盒），和一個宣傳用的大聲公。另外，清早就跳起床趕製的，是兩種特價票券，顧客可以把角角剪下來兌換。

他對自己的產品十分有信心，畢竟那是一台高科技神奇圖畫販賣機，方便有圖像需求的人選購。

「呃，可是，你忘了今天要上學嗎？」

他介紹完畢後，老母頗為難地提醒他說。

頓刻間，新創企業小老闆崩潰了，說不想去學校，覺得自己的努力付諸東流。

不忍心看弟弟難過，大姐提議說：「不然先休學好了？」

二姐附議說：「或是租個車庫讓他創業好了？」

喂！才小一欸！

人類的行銷本能

兒子的公司，販售的都是他的作品，有畫有手作。

他為這家公司付出了許多心血。由於識字還不夠多，所以聘請二姐當員工，幫他處理文書、做市調、寫文案。自己則運用英文讀本附贈的點讀貼紙，錄了語音介紹，貼在產品上。顧客想了解產品，但ＵＵＱ老闆兼推銷人員在上學時，就可以自行用點讀筆聽取詳細商品資訊。

總的來說，他隨時隨地想的都是公司大小事，幾乎把全副精力都花在這次的新創事業上了。

像是某天晚上，將三隻都押送臥室後，老母撿拾著小孩風暴行經路徑的一片凌亂。在第三百次彎腰時，我拾起兒子落在地上的畫本。仔細一看，他居然在為產品編故事呢！

主角是他的經典產品，用木塊與金屬零件製成的兩尊小機器人。故事是這樣的：

一天，機器人一號出門散步，遇見了機器人二號。

「午安！」機器人二號禮貌地打招呼。

機器人一號問：「你是誰？」

「我是你阿嬤的阿公。」機器人二號回答。

故事便從他們的偶遇，就此開展。

覺得這種賦予商品故事性的行為好熟悉，在沒人教的情況下，我可以合理懷疑，人類能想到的行銷模式都差不多嗎？

感謝你的孩子

—1—

孩子讓你成為一個心胸寬闊、心存感謝的人。

那日早晨，睡眠嚴重不足地一覺醒來，忙著弄孩子們上學，卻遍尋不著切水果的木砧板，正納悶自己的忘性時，活潑可愛的兒子開心地捧著他巧手精製的木工作品，前來獻寶。

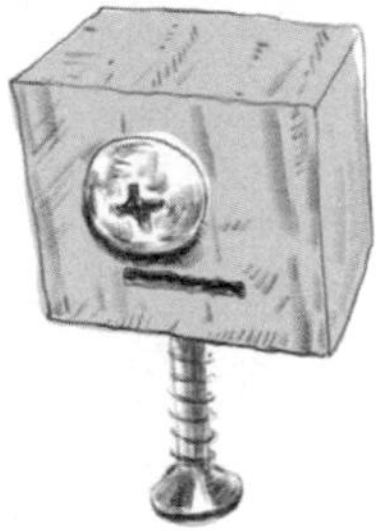

我接過，端詳著，覺得有種說不上來的熟悉感。像是手裡握著迷團，幾乎差那麼一步，一切線索就能貫穿。

不，不，孩子需要母親的引導啊！我急忙甩開那不祥的預感，認真欣賞這眼前的手工小玩意。一直認為創作的誠懇和心意，是最能打動我的，即使是素人或是小孩子的作品，也能蘊含動人的拙趣與質樸。

然而很明顯的，孩子運用素材的能力又升級了。能看出操作禁用工具如鋸子鐵鎚已十分諳練，取得其他物品上的釘子等零件也相當嫻熟。老母稟持一貫的客觀，讚許孩子的創意，與處理困難媒材的執著。直到……

餘光瞥見那塊躺在角落，早已支離破碎的水果砧板。

霎時間，你感謝你的孩子，總是如此高頻率且不厭其煩地增加搞事的強度，只為了讓你成為更好的人，一個懂得欣賞事件背後所隱含的價值與意義的人。

（事件記錄完畢收工，我需要鎮定劑謝謝。）

2

沒過多久，一步一腳印的實業家小咕，已經用自己的雙手闖出了一點名號，開始接單了。

這一回的買家，同時也是生父與生母的工作夥伴，他訂製了一隻三角龍。接到訂單就會想盡辦法完成的ＵＵＱ老闆兼首席設計師，先畫出結構、準備用料，利用放學後寫作業與吃喝玩樂的空檔製作，居然如期完工了。

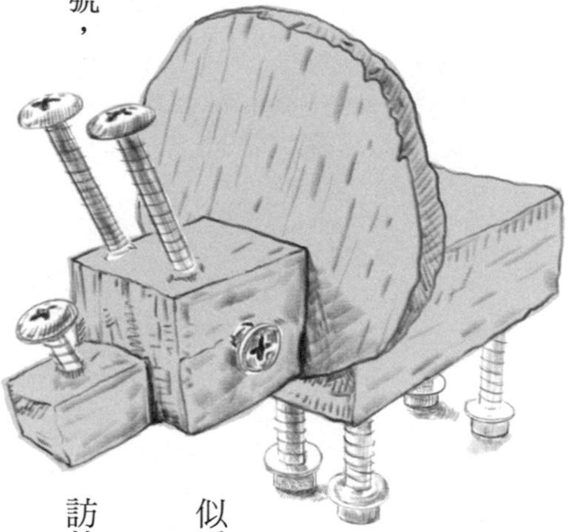

老母覺得這小子真厲害啊！而且一直在進化，於是找個機會問他，如果遇到業主的要求難以達成該怎麼辦？

「啊就嗯……再想一想？」他回答，似乎沒想過這個問題。

這時，長女湊過來插話：「如果這是採訪就整個弱掉了啦！不行不行……」

她拍拍弟弟說：「你可以說，還就有時候能讓人認識自己的韌性！」接著，慷慨激昂地又補充：「如果我們需要對方（的錢），那就算自己有實力，也有其他想法，還是要展現配合度！」

（我想我以後會找長女寫講稿。）

3

創業幾個月後，小咕的事業蒸蒸日上，訂單不斷湧入。我終於親眼見識到，什麼叫做「想買得等明年囉」！

週末下午，看UUQ老闆又上工了，做的是鍬形蟲。

我問他，為什麼沒做客人預訂的東西呢？訂單都爆了。他回應的大意是：

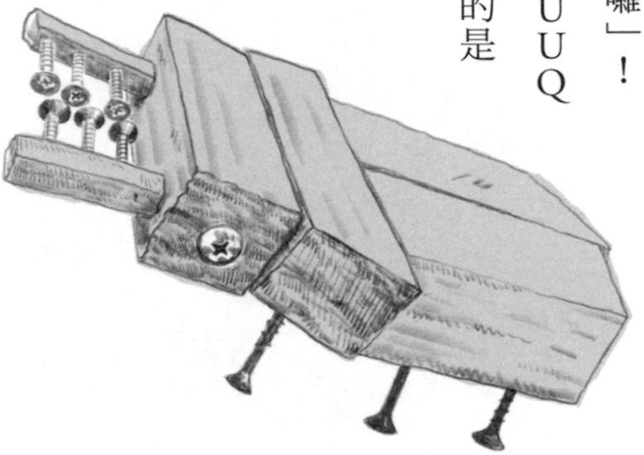

自己還在學習的階段，所以磨練不可廢，創作和賺錢得兼顧才行。

哇嗚！怎麼、怎麼可以這麼帥啦齁！聽到這個說法，生母立刻黏了過去，又親又抱地說好喜歡這種回答喔喔喔。

「欸欸，我在我的思緒裡，不要干擾我啦！」他一手握緊鋸子，舉起小手臂，成功阻擋了老母的騷擾。

孩子的這些事，都是他自己在想、自己在做，我從沒教過他什麼，如果有，就是這句了。時機和語氣都如出一轍，雖不能欣然，卻也只能接受了。

看來，現在大家事業都忙，親子彼此間

都在有空被騷擾的狀態是愈來愈少了啊！

4

後來，小咕有聲有色的事業引得常有人問，我是如何啟發兒子走上這條木工創作之路的？訊息如雪片般飛來（好啦其實只有寥寥五、六個），出門談話時也屢次被問到，連專欄編輯都指定要這個主題。

遙想幾個月前的某一天，我家砧板壯烈犧牲了，化身成兩隻小機器人，其他零件則來源不明。老母為了保全家中其他物品的安危，索性讓孩子去採購材料。後來風風火火一連串動刀動鋸的事，不僅讓孩子從每玩必定破皮見血的生手，如今已成為熟練的木工小職人；我也從每回開工就躲起來不敢看

的脆弱老母，近來開始幻想未來能靠兒子吃穿。（有關聯性及成長的部分嗎？）

請家長們發揮理性想想，如果當時生母我斥責了孩子，或因為擔心不敢放手讓孩子碰工具，那麼現在，家裡還會到處都是木屑嗎！

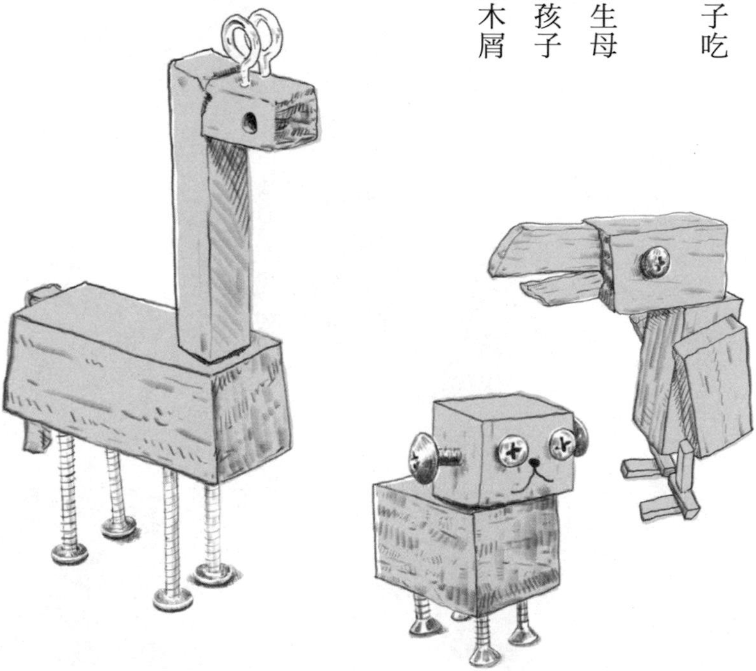

葉教授觀點——

從真實世界中學習

近年來，世界各國的教育者都看到我們下一代孩子所要面對的大挑戰：我們的世界在高度全球化及資訊爆炸的時代，變化的速度跟幅度都非常劇烈。在這種情況下，我們的教育該如何讓孩子們培養出足以面對這樣劇烈變化的真實世界的能力，變成各國教育的共同目標。

台灣的教育方向也是如此，一〇八課綱談的是如何培養孩子的「素養」。學校也開始設計素養導向的課程。所謂的素養，便是要解決真實世界問題所需要的知識、能力跟態度。但要訓練孩子解決真實世界的問題，最大的挑戰其實是「找題」：如何找到一個孩子真正感興趣的真實世界問題來解決？

如果老師、家長所設定要養成素養的真實世界問題，是孩子不感興趣的，到頭來孩子也只是被逼著去解決。在這不甘不願的過程中，孩子的素養是否真的能被養成？我個人是打問號的。

反之，如果孩子有他自己感興趣的真實世界課題，在過程中有大大小小的問題發生，他為了解決這些問題，過程中就會很有動力、很有成就感，素養的養成也就更水到渠成了。

但學校老師，一個人要面對幾十個孩子，如何去找到每個學生都很有興趣的真實世界課題？這其實是很大的挑戰。也因此我一直認為，家長在培養孩子的素養上，也可以扮演很重要的角色。

老么小咕的木工事業，便是一個最好的例子。從一開始曉妍看到砧板被分屍成為創作材料，願意忍痛支持小咕的木工創作，乃至於後來的成立公司、接案。我們看到小咕在過程中為了解決他事業的問題，他不斷地在思考解方，也不斷地把他想到的方法在真實世界實踐。

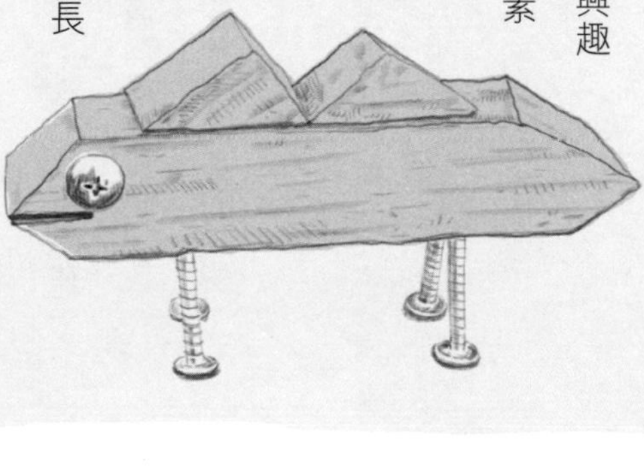

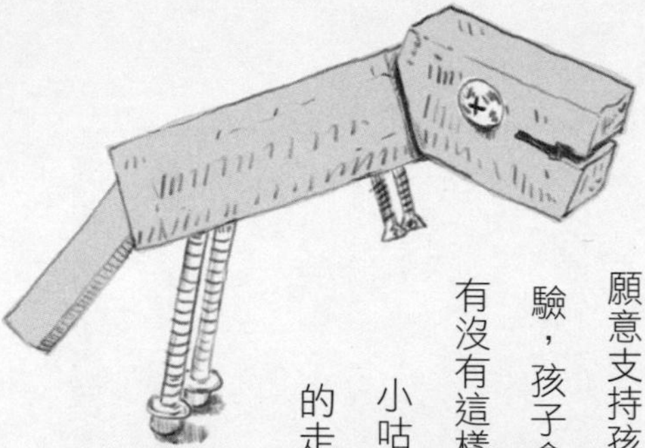

孩子在這過程中，靠自己的探索、嘗試，逐步建立了解決真實世界問題的知識、體力、能力與態度，這不就是素養嗎？更重要的是，他在過程中是快樂的，而且持續地突破自己的舒適圈讓自己不斷地精進。還有比這更好的學習嗎？

我一直認為，做為爸媽，我們其實可以在孩子的素養養成上扮演更重要的角色。不是靠補習、不是靠名師，而是在我們跟孩子的日常生活中，觀察孩子會感興趣的課題；並且願意支持孩子去探索、去嘗試解決各種真實世界的問題。只要常常有這樣的經驗，孩子會逐漸培養出面對真實世界的自信。在未來變化劇烈的世界，孩子有沒有這樣的自信，會遠比他考試考多少科九十分更重要。

小咕的木工事業，是他從真實世界的精采學習。即便未來他不見得會真的走上這條路，但他學會了如何創作、如何行銷、如何買賣、如何建立品牌。這些經驗，在他未來的人生都會是很重要的養分。

如果我們當爸媽的願意多花一點時間觀察孩子、支持孩子，

小咕的故事也可能在我們自己家裡發生喔！

問題：除了機器人，UUQ的其他木作產品，看得出是什麼嗎？

解答：馬、三角龍、甲蟲、鸚鵡、狗、長頸鹿、變色龍、暴龍和隔壁的水母箱。

03

花錢讓我心情不好

「你們知道，世界上前20%的人，掌握了80%的財富嗎？」長姐突如其來地對弟妹精神喊話：「我們，要成為，那前20%的有錢人！」

兩傻轉頭問我：「媽咪，你覺得怎樣才會變有錢人？」

正當老母準備窮盡自己畢生的理財心得，以回應孩子們對世界旺盛的求知慾時，長女走了過來，一臉歉意地將弟妹帶開，說：「呃，媽咪對不起，我想他們問錯人了……」

根本是天生的？

睡前，孩子們有一段對話，是關於夢想。

長女說：「我要當暢銷小說家，然後賺很多錢。」果然是金牛女。

次女說：「我要當王牌彩妝師，然後賺很多錢。」金牛女二號，回答也不出所料。

兒子說：「我要當咖啡店的店員，每天跟客人聊天，還要免費幫人家畫畫。」雙子男很可愛地笑著。

姐姐們怒視弟弟，低聲吼道：「這沒出息的東西！」

……價值觀，根本就是天生的？

遺產之爭

忙著做晚飯，在身邊玩的孩子們竟然聊起房產的事。

是說也太早了吧！這不是要在老父老母病榻邊再吵的事嗎？

眼睜睜看著手足間的爭奪，只為了那些一輩子攢下來的積蓄，老母親布滿皺紋的眼角流下痛心淚水，手已無法動彈，卻讓不孝的孩子強行蓋下指印……我，我絕不允許這種人倫悲劇發生！

「以後會留給我們三個嗎？」他們知道家裡有三間房，都是很普通的小屋子，在每次搬遷時勉強買下的。

「哼，想得太美了！」我說。

「等更老一點，我會把房子賣掉，錢都算清，然後在死前爽爽花，萬一有剩就捐出去。」我如實說出自己的計畫。

「可是家的回憶呢？」「賣掉會忘記家的樣子啊！」「還有我們每年畫的身高也在牆上，那個搬不走……」小孩顯得有點驚訝，也許從沒想過有一天會失去那稱之為家的居所。

「喔！也對，回憶是很重要，那我幫房子多拍一點照片給你們做紀念？」房子這紀念品也太巨大，我說甚至可以考慮拍成影片，更有身歷其境的感覺。

當老母順道解釋不動產的概念後，天性實際的兩名金牛女認真思索了一會兒同意了，說：「反正這些房子都太普通、也太小了，以後我自己要買更好的。」

這就對了！做人要有骨氣，靠自己最實在。不愧是我的孩子！

這時，原本在一旁看似沒多大興趣參與話題的兒子突然飛撲過來，在我懷裡鑽來鑽去，甜甜地說：「媽咪，我不需要你的房子喔！我只需要你的抱抱。」

一時間，我竟然……有點想……把房子留給兒子。

嗯，有人研究過，雙子男比較容易得到遺產嗎？

除法，可以無師自通

常帶孩子們逛博物館或美術館，那是我最喜歡的遛小孩好去處。

這天，和三隻去了門票只要三十元、CP值高得嚇人的台博館（國立台灣博物館）玩一整個下午。

小孩跟往常一般優游其中，不太需要老母操心。只是這回，有點不一樣，兒子竟然在最後總要逛一下子的邪惡周邊商品店中全身而退了。

於是睡前，我問他：「你今天在台博館的販賣部，怎麼沒買石頭？」

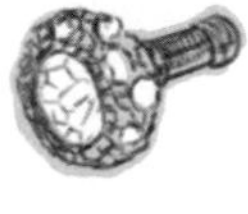

這太不尋常，他是個有嚴重蒐集癖的小孩，隨時隨地都在拾荒，撿石頭、種子、葉子、貝殼、羽毛和不勝枚舉的各種不明物體。甚至曾經在摩洛哥南部的荒山峽谷邊，跟小攤販比手畫腳講了半天價，買到的卻是碰水就立刻掉色的假寶石；也經常在山產店撿吃剩的小骨頭，在海產店撿吃剩的蚌殼貝類。

所以，只要到自然科學類博物館的商品販賣部，

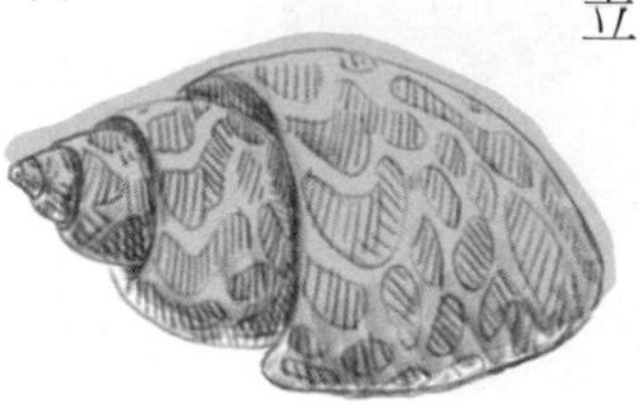

他必定淪陷，散盡積蓄終不悔。奇怪的是，今天我明明見他站在裝滿各種石頭、一罐一百五十元的櫃位前眼睛發亮，最後居然沒下手就走了？

「為什麼？你應該很想要吧？」我問道，依據生母對孩子的了解。

「唉～是很想要沒錯啊！」他嘆了一口氣說：「但是我賺錢不容易啊！」

他試算給我聽，木工作品一件均價五十元，花一百五十元買石頭，要做三件才補得回來。短短指頭折

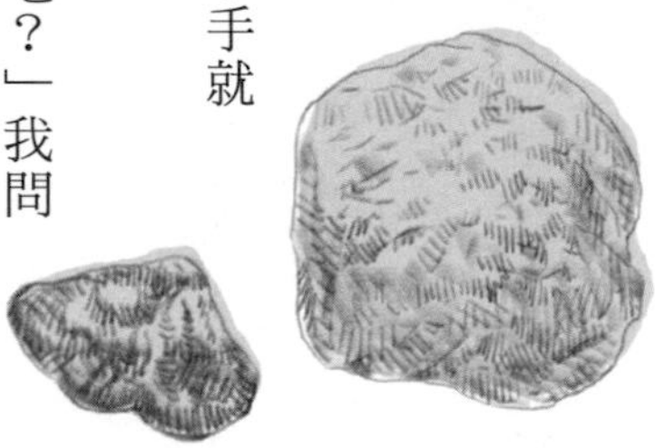

來折去地算著，一臉精明。

看來，自己的辛苦錢果然比較珍惜，甚至連小一生的除法，不用教就會了！

偽獨生女半日遊

兩個小的補課，於是趁機帶大的出門來個偽獨生女半日遊。遊走在熱鬧的商圈裡，我倆買東西、吃東西、買東西、吃東西……難得放縱。

「有沒有覺得錢很容易就花掉了？」某一次付錢時，我順口對一旁的長女說。

「所以我決定以後賺錢，盡量不買東西。」她口氣篤定。

物質欲應該適度地被滿足吧！我一直是這樣想的，於是回她：「可是想要的都不能買，長久下來心情會很差吧？」

「不會，我花錢心情才差咧！」聽這話裡透露的價值觀，我的孩子不是我的孩子。

這個專屬於媽媽與大孩子的悠閒午後，我們泡書店、喝下午茶、逛少女服飾樓層。中途歇腳時找了間咖啡店，點好喝的，我便把隨身的平板電腦拿出來，零散的時間不利用可惜了。

「呃，媽，你跟我出來帶工作？」長女指指我的電腦，挑眉問。

我回：「身為一個有責任感、有工作在身的成年人，這很正常。」嘖嘖，難道還得專心伴遊嗎？

「呼！那我就放心了。」鬆了一口氣似的，她轉身拉出背包裡的筆電說：「還在想該不該拿出來呢！」

歇過腳，隨意逛進一家美甲店，裡頭賣著各式甲片。我個人沒有美甲的愛好，總覺得指甲就算裝飾得再好看，也不會讓大嬸我加分多少，所以家裡幾乎沒有出現過那種東西。不過女兒如果好奇，我倒是很願意陪著看一下。

我家長女，雖然說在外表上沒多大優勢

（親生母親可以講這種話嗎！），但手指纖細修長，指甲也美，戴什麼都很好看。

我們在店裡流連了好一會兒，我跟她說可以選一副買。她仔細挑選，再向櫃姐詢問價錢後，突然拉住我的手臂，往外移動，同時用店員也能聽見的音量說：「媽咪我……我想再考慮一下，同學如果看到我弄這個，可能會覺得我頭殼壞去。」

一直到離開美甲櫃位一段距離，她才解釋剛才的行為：「媽咪，其實我剛是故意找藉口走掉的。」

「呃？為什麼？」沒選到喜歡的款式嗎？

「我剛看的美甲貼一包要三百八十元，只能用一個星期……」她帶著怒氣說：「我不懂你一個當媽媽的，怎麼會讓小孩買這種浪費錢的東西？」

長女的滅火語錄

最近累積了一些購物事項必須趕緊辦成，其一是要在長女開學前替她買雙新鞋子。於是這天，我帶著她到百貨林立的信義商圈買鞋，才踏進百貨一樓，老母就看見常用的沐浴髮品店家。

「家裡好像沒備用的了？要不要順便……」我語氣輕鬆地問長女，其實那不算詢問，腳已經往店內走去。還沒說完，長女斷然地拉住我的衣角說：「先不用！櫃子裡還有很多小贈品，我去找出來用。」

「……」

隨意走看，我相中一只手鐲，有時候買東西真的很靠緣分。簡約的鍔形設計，跟我平時的穿著有搭，拿起來試戴也頗為滿意，於是歡欣地轉頭問長女好不好看？

她端詳一會，認真地說：「我覺得這種所謂極簡東西，都號稱有設計感，其實根本就是設計師做不出複雜又好看的東西吧！」

「……」

接著反正順路，帶長女去看生母一直觀望著的一只戒指，是名店的經典之作，準不會錯了吧？

有機的造型，帶有富饒豐收的況味。自

然和諧，有如小型立體雕塑在指頭上。雋永迷人，買來收藏不為過，更何況我有兩個女兒呢，未來整理老母留下的東西時，肯定會驚嘆媽媽的好品味！

「如果換成膚色，就是一個腫瘤的造型。」雖說從不指望她吐得出象牙來，卻也未料她能說出如此讓人掏不出信用卡的形容。

「……」

我不是衣櫃裡永遠少一個包的人，基本上實用好搭就夠。但已經過了提媽媽包的階段很久了，覺得小包是個宣示，回歸只帶皮夾手機鑰匙就能出門的瀟灑。

我遙指著櫃架的一個腋下包，米白色皮製，薄薄的很輕巧，想著應該是春夏百搭，於是怯怯地望向長女。不對！我幹嘛要怯怯。

走向無辜的包包，她用食指滑了一下皮面，說：「我不喜歡這個皺巴巴的皮。」

「……」孩子，這叫鱷魚紋。

長版襯衫總行了吧？問女兒喜不喜歡，老母買單。單穿繫上腰帶是洋裝，打開還可以當罩衫，多實用！

「它沒有任何特色啊！」總是先翻吊牌的她，看了價錢後驚呼：「這件如果布料再差一點就跟地攤貨差不多了！」

接著又補充：「你不是一直變胖嗎？我撿你太小的衣服就可以了。」

「……」

買吃的總可以了吧？我看著玻璃罩裡的草莓水果塔，心想兩傻會愛吃。

長女照慣性又掃了一眼標價，眼睛瞪大說：「嚇死人的爆炸貴到不合理實在太誇張這樣咬一口要五十塊叭啦叭啦……」

抱怨完她說：「你去超市買一盒餅乾和草莓，我可以做好幾個給他們吃！」

「……」

終於，該添購的都齊了，也歷經千辛萬苦與長女挑選到適合的鞋子，中規中矩萬無一失的手工休閒鞋，剛好打七折、兩千有找她仍嫌貴。

長女說：「拿大兩號！我要穿十年！」可以不必這樣！

買了鞋，去吃麵。結帳時，我逼迫她請客，看著她掏出每張紙鈔、每個錢幣都萬分痛心的樣子，生母才感到舒適不少。

葉教授觀點——

建立孩子的金錢觀

在台灣，對不少爸媽來說，比起孩子的課業，孩子的金錢理財教育好像還不是那麼重要的議題。一方面是我們覺得孩子年紀還小，他的需求都還是靠爸媽來滿足的，鮮少需要他們用自己的錢買什麼東西，總覺得金錢觀的議題，好像離自己家的孩子還很遙遠？等他們長大後再說吧。

其實對下一代的孩子而言，金錢理財教育是愈來愈重要了。怎麼說呢？隨著醫療進步，台灣人平均壽命愈來愈長，已經超過八十歲。大部分的人在六十幾歲退休後，還有二十年以上的人生。除了有月退的退休者，其他人都要靠自己的儲蓄或是被動收入過二十幾年。坐吃山空二十幾年，這多麼可怕！對還沒退休的爸媽來說，理財就已經很重要了，更別說是我們的下一代。如果對金錢的使用和規劃，能從小好好地教育他們，這對孩子未來的人生將會很有幫助。

近來，我們開始看到有愈來愈多的機構（銀行）、教育工作者，開始在談給孩子的金錢理財教育。綜觀各家理財教育，都不是先教孩子怎麼賺錢，而是先建立孩子的金錢觀。先讓孩子開始思考為什麼要賺錢？賺錢是為了做什麼？花錢的原則又是什麼？讓孩子開始建立自己的金錢觀，這是非常重要的一件事。

如果沒有好好思考過這些問題，孩子會對錢無感。甚至覺得，反正爸媽有賺錢，我的需求就是要爸媽用錢來滿足我，這有什麼好說的？孩子一旦習慣了這樣的價值觀，長大之後不是不把錢當錢，就是太在乎錢而為錢所役。這些金錢觀都是很令人擔心的。

從曉妍跟三個孩子的日常相處中，我覺得很棒的是，她在生活中建立了孩子對金錢的現實感。許多孩子對錢沒有概念、不負責任，就是因為自小到大他們都不是做金錢相關決定的主體。他們只提需求，而錢要不要花的決定，都是爸媽在做。孩子從來沒有經歷過考慮錢該花或不該花的煎熬，所以對金錢沒有現實感，久而久之就不會把錢當錢。

但曉妍的做法是，她常會帶孩子一起去日常採買。而在採買的過程中，跟孩子討論什麼東西該不該買？或是聊有錢的話孩子會想買什麼？這類討論最大的意義，是把決定花錢與否的主體，從爸媽轉移到孩子，讓孩子開始思考什麼錢該花或不該花。雖然每個孩子的答案不同，有的想法也令人發噱，但就是在這樣的過程中，每個孩子逐漸形塑出屬於自己的金錢價值觀。不管是對金錢很實際的長女，或是比較浪漫的老么小咕，他們都有屬於自己對金錢的看法。

固然孩子的想法不盡成熟，但爸媽不需要擔心。因為隨著孩子長大，這樣的討論愈來愈多的時候，孩子們的金錢觀都還會再演化。爸媽真正要擔心的，是孩子連那些不成熟的想法都沒有，對金錢完全無現實感，那才是最讓人憂心的。

除了親子多討論東西該不該買、錢該不該花之外，賴家三姊弟之所以對金錢有現實感的原因，我認為是因為他們對爸媽的辛勞工作都有非常直接的觀察。因為爸媽都在家工作，爸媽在工作要交稿之前是多麼地辛勞？是要多麼辛苦才能賺到這樣的錢？孩子經年累月都看在眼裡。所以對他們來說，金錢不是憑空而來的，他們知道工作是要很努力才能得到相對應的報酬的。

有很多爸媽，包括我自己在內，很少跟孩子談賺錢的辛苦跟不易。也因此，孩子不知道賺錢需要付出多少時間、心血和體力。其實爸媽可以適度讓孩子知道自己工作的內容、工作的挑戰，讓孩子知道賺錢是要付出努力的。只是在跟孩子討論賺錢辛苦的時候，也要提醒自己，絕對不要變成情緒勒索：「爸媽賺錢是這麼的辛苦，你怎麼可以不用功？」「我每天這麼努力，就是讓你回家整天打電動嗎？」一旦變成情緒勒索，會對親子關係有非常大的傷害，這部分爸媽千萬要小心！

另外，要讓孩子建立金錢現實感，讓他們有機會賺錢也是很好的方法。我遇過好幾位創業、做生意很成功的朋友，他們都有提到自己在小學的時候就有開始幫忙賣東西的經驗，像小咕就是靠自己接案做木工手工藝來賺錢。親身感受付出勞力、心力來賺錢的過程，孩子自然對金錢會有現實感。但爸媽要切記：絕對不要拿孩子本分該做的事給他錢！例如做家事、寫作業。如果把這些本分就該做的事情，用金錢誘使孩子去做，到最後會變成飲鴆止渴，沒給錢孩子就沒有動力做他原本就該做的事情。這很糟糕，不可不慎！

孩子金錢觀的建立，對孩子未來的一生至關重要，甚至比他們的課業影響人生更鉅。如何在日常生活中，帶著孩子一起做採買的決策、一起討論錢該不該花、讓孩子了解自己賺錢養家的工作的酸甜苦辣，甚至讓孩子有機會靠自己的付出去賺零用錢。這些方法，都能逐步讓孩子對金錢有現實感，建立屬於他們的價值觀，很值得爸媽好好來努力！

04

當畫家、設計師，還是考古學家？

孩子們說想吃甜湯，長女挑了一家豆花店，三碗送出後，突然客廳爆出一陣瘋狂的笑聲。

然後笑聲漸漸逼近我工作室，三隻推擠著進來，姐姐們笑得東倒西歪。

「小咕昨天的生日願望不是有一個可以不講出來嗎？」長女漲紅著臉，強忍笑意說：「剛才我們叫完豆花，他就說他的願望達成了欸！」

「我的第三個願望是吃豆花。」兒子瞇著眼、得意地笑，彷彿受到神的眷顧。

朝目標前進

我的教養沒有法則，也給不了厲害的道理，覺得世上的各型老母，能保持心智健全地對應上各款孩子，便已足矣。

我相信，生命不僅僅會自己找到出路，還會變化出各種父母們料想不到的樣貌。其實這件事，我們端看自己如今的德性，是不是當初父母所期待的？就馬上可以了然於心吧。而想當初的種種，讓我們長成了現在的樣子，如果覺得還過得去，或者終究體認到根本難以掌控，那麼，也許就不需要兢兢業業地去養育孩子了呢？

所以，生母本人教養孩子，一向是小五以上數學請自立自強，能自己估狗到答案的知識性問題請自行解決。此外，嚴禁喊無聊，太閒的麻煩去思考一下人生的意義，要不然就去拖地、洗碗、摺衣服，我看窗子也很久沒擦了。

但是當長女數度提出對服裝設計有興趣、說想學做衣服時，母女一場，老母可以先帶孩子去看那布山布海，見識素材的可能性，甚至找個裁縫老師上課。

人生沒什麼，只要不停往目標推進就行了。

在沒日沒夜趕稿期的這天下午，老母左手不時揉著太陽穴，右手緊握著保命咖啡，咖啡因才是最忠實的隊友，然後晒得要命地跟在長女身後幾步之遙飄移。我們穿梭在永樂布市，走在長安西路和重慶南路，進出無數間緞帶店和鈕扣店……

「逛好了嗎？可以回去了嗎？」老母第一百次懇切地詢問。

「還沒還沒……」她第一百次光速逃走。

許個願

這天睡前，兩隻小的先進臥房了，長女還在戴睡前的角膜塑型片。

戴完，掉了三根睫毛。她虔誠地捏著睫毛，低語許願：「我希望能長高變美變聰明、成為世界知名的服裝設計師和暢銷小說家、賺很多錢買名車飛機和很棒的房子！」

才三根，可以許這麼多嗎？

等她一一把指頭上的睫毛吹向空中，我終於忍不住對長女傳達一點為人子女應有的基本孝道：「不孝女！沒一點是許給你親愛的媽媽嗎？」

「蛤？你沒早說！不然你要什麼？」長女一臉莫名其妙。

「像是愈來愈年輕啊、肚子變平坦啊、賺很多錢啊！這些都很不錯。」有許有保佑吧。

聽完，不孝女竟撇撇嘴說：「呃，我

不想許那種不可能實現的願望，這樣有點浪費。」

「你這小孩好煩啊！好難養，讓人很不開心。」老母心已死。

這時，她靠了過來。用食指戳了我的手臂兩下，說：「難養？你才難養，都買這麼貴的東西。」

「我哪有！」你老母我以勤儉持家著稱好嗎？即使是一個人的著稱。

沒等我繼續抗辯，她抬起下巴斜眼問：「好，那我問你，你買過最貴的衣服多少錢啊？」

「五萬多吧。」客倌們評評理！我都這把年紀了，這樣的價位偶爾為之是不是也還好。

「天啊好貴！五萬多的衣服穿上是會覺得飽嗎……」說著，長女突然話鋒一轉，改口：「不過，我其實要謝謝媽媽給我莫大的信心呢！」咦咦？謝什麼幹嘛這麼客氣，劇情走到哪裡了老母有點跟不上。

她接著說：「我以後設計的衣服，就是要賣給你這種浪費錢的人。」

城府深

早餐席間。長女跟我說，覺得自己的能力和專長愈來愈「立體」了。

老母聽了其實很高興，因為這個孩子從小什麼都不置可否，問她有沒有興趣？還好。喜不喜歡？不知道。

於是我追問，那會是什麼畫面呢？是雕塑的概念，還是從霧裡浮現那樣？

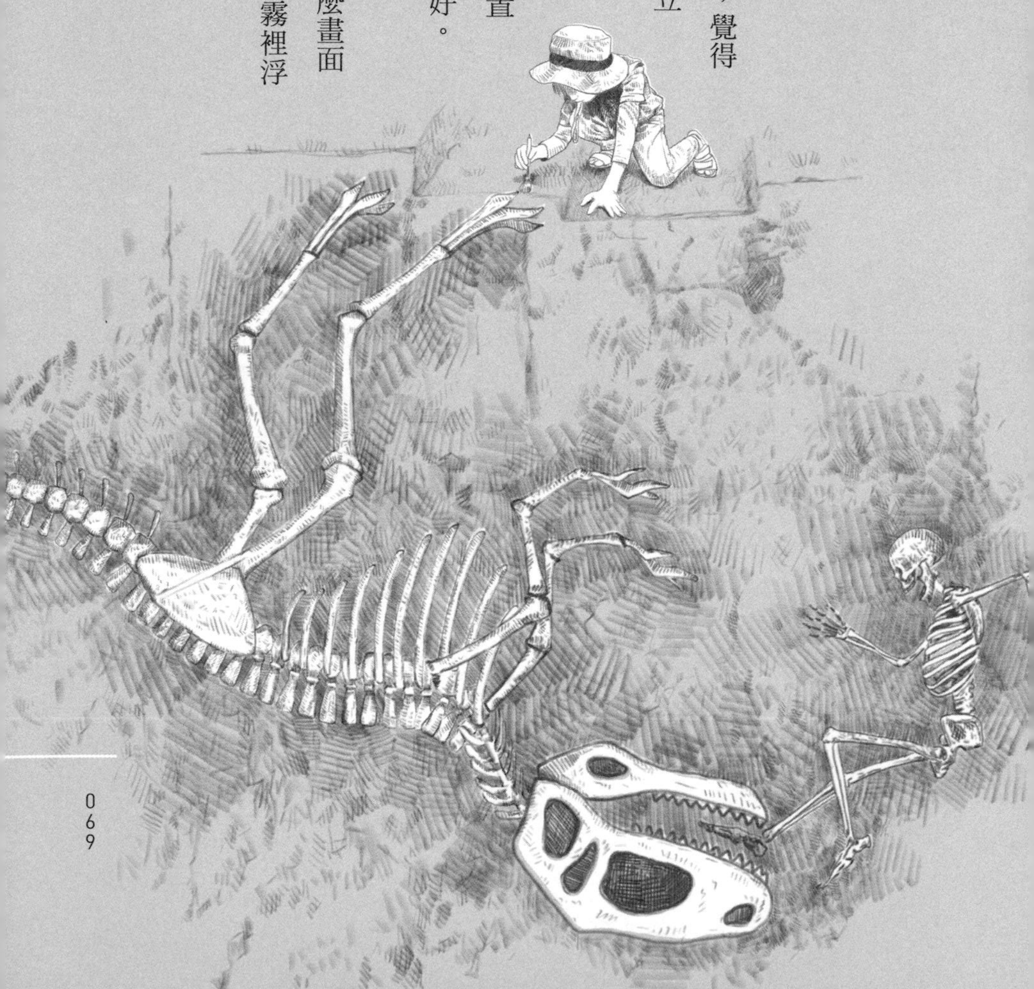

她想了一下，說像考古，用小鏟子、小毛刷慢慢挖掘。目前有幾個開挖現場同時進行著，不知道能出土的有幾個，最後的大小和價值也很難說。

弟弟妹妹在一旁活跳跳地接話，認為所謂天才和資質優秀的人，應該是很容易被考古隊發現，而且挖出來會是一座城堡或是一個古文明之類的吧？

真心覺得，這樣形容埋藏的天賦很有意思。最後，我好奇她又是如何看待已經長大的人，所以接著又問：「那我呢，你覺得媽媽是哪一種？」

長女想了一會兒，居然一臉為難地說：「你喔，比較像是埋得太深，或是經過地層變動，已經挖不到東西的那種。」

弟弟妹妹在一旁依然活跳跳地問說：「媽咪，你這叫做城府深嗎？」補一槍。

不是。

工作的資格

週間的晚上，該上床的時間過了好久，孩子們還在胡鬧。我走出房門，準備以雷霆萬鈞之勢掃蕩鎮壓。

來到桌邊掃視一圈，生母嚴厲地說：「吃完東西桌子怎麼沒擦乾淨？你們這樣連到麵店工作都不及格好嗎！」

「會擦桌子就能去應徵嗎？」聽到批評，次女眼裡竟發出閃閃晶光：「好棒喔！那我長大要去瀧厚（家附近的火鍋店）工作，我喜歡瀧厚！」接著小跑步拿來抹布，開始認真地擦桌子。

咦？都這樣說了還不心生警惕嗎！「還有這些書啊筆啊紙的，是都不會收整齊嗎？

這樣想到書店工作，人家也不會用的。」我進一步說。

「會收拾就能到偉群（家附近的書局）工作嗎？太好了，我也喜歡偉群！」這時，次女對未來更加充滿希望了。

「梳子和這些髮飾，還有夾子……是怎樣，為什麼都撒在地上！」生母集中起最後一口元氣，指手畫腳，砲火全開。

伴隨著老母的碎唸聲，次女一邊收拾，一邊把弟弟也喊來。讓人摸不著頭緒地，他們開始忙著為對方梳頭，或綁或夾地弄髮型。

最後終於，那些散落的髮飾都收拾在兩傻頭上了。「認真一點！」次女嚴肅地對弟弟說：「只會收夾子是沒資格去美髮院工作的喔！還要會設計造型。」

作家真難搞

長女學校有個作業是採訪，可以預期的，孩子一般都會找周遭親友下手。

我老早就知道她想訪自己的畫家老爸，也清楚她態度上的馬虎輕率，想必盤算著老爸幾乎都在家，什麼時候訪都可以。而且老爸話不多，做記錄也不至於太費時。所以，眼看著她拖延症發作，等待好戲上場。

果然幾天後，作業繳交的前一日，接近睡前的時間，聽見她對爸爸說：「我待會訪問你大概十分鐘喔！」

「我在忙。」不意外的，立刻獲得生父的正常發揮。

接著，長女回了一句：「只要十分鐘就好了啦！」便離開了爸爸的工作室不知去向，似乎單方面覺得約定好了。

十多分鐘後，爸爸步出房門，大聲喊長女：「你在哪啊？不是說要採訪，怎麼走掉了？」傻孩子，你果然不知道成年人的那句「我在忙」，是等著對方展現誠意啊！這下難辦了。

這時，長女從某個角落探出頭，回應說：「我在等你啊！」一臉白目社會新鮮人。

老爸：「什麼？不給你訪了！」（氣得調頭回工作室）
長女：「蛤，我明天要交了啊！」（慌忙追了過去）
老爸：「要交了才來！哪有這種事！有題目嗎？」
（受訪者些許軟化）
長女：「你的職業。」
老爸：「什麼爛問題！不給你訪了。」（受訪者再度火大）
長女：「那，那我把問題寄給你，你信箱是？」連忙拿起紙筆要記下。
老爸：「我很忙，不給。」

僵持了好一陣子後，她喪氣又無奈地步出爸爸的工作室。「第一次採訪就碰釘子，作家好難搞啊……」拖著沉重的步伐，她幽幽地說。

當然，事件的最後，老爸還是受訪了。「好啦好啦！要問什麼快問！」為人家長都是這樣的吧。

葉教授觀點——

夢想、興趣與天賦的差別

新時代的爸媽，對教育的看法愈來愈開明。過去這些年，看到有很多爸媽都很希望能支持孩子發展自己的興趣，或是實踐自己的夢想。從過去的年代，大家都只在乎孩子的成績；到現在愈來愈多爸媽，變得會想支持孩子發展自己有興趣的方向，我真心覺得這是台灣社會的一種進步！

雖然願意支持孩子興趣跟夢想的家長愈來愈多了，但我也看到了一個值得注意的問題。許多爸媽常因為關心則亂，反而為了孩子還找不到自己的興趣而焦慮。於是常常問孩子：「你的興趣呢？」「你怎麼還沒找到興趣？」「你的興趣怎麼三天兩頭變來變去？」

這些爸媽雖然是願意支持孩子發展興趣的，但他們在無意之中反而造成孩子們另一種很大的壓力：要找到自己的興趣。結果是，就像一直被唸要考好試的孩子會對念書容易厭煩一樣，一天到晚被問「找到興趣了沒」的孩子，對於找興趣這件事也開始失去了熱情。這對於滿腔熱血、想支持孩子發展興趣的爸媽而言，情何以堪？

從長女的故事中，我不知道大家有沒有注意到一些細節？一開始，長女想做的是跟服裝設計有關，到後來開始轉向到與文字工作有關。以我最近看到的學習成果（她是我們無界塾實驗學校的學生），目前她是對寫小說很感興趣，而且相當有才華。

您有沒有發現到，她的興趣一直在換？換做一般的家長，不少人可能會覺得好煩，怎麼孩子興趣三天兩頭在變？但這正是孩子探索自我可貴的地方！我常常跟家長說：「夢想不是想出來的，夢想是試出來的！」如果孩子沒有不斷嘗試的過程，就無法真正找到他最有興趣的事情。

二〇一九年的某場公益活動，邀請我跟知名球星林書豪對談，談的正是夢想這回事。在對談過程中，我印象最深刻的就是：林書豪說到從小他爸媽對他探索各種興趣的支持。他所試過的各式各樣運動、樂器，還有許多不同的領域，數目之多，讓我瞠目結舌！但也是因為他試過了這麼多東西，最後才真正確定了自己的天賦跟熱情是籃球，進而把它當做一輩子追求的夢想。

所以當我們看待孩子尋找興趣、了解天賦、確定夢想的過程當中，我認為有幾個重點值得爸媽注意：

要讓孩子自發，不是強迫他

爸媽或許有自己很希望孩子發展的興趣，但請不要用強迫的。當您強勢要求孩子去試某種事物的時候，那已經不是探索了，而是被迫去應付爸媽的期待。當孩子不是自發的時候，您將無法確定到底那是孩子真正熱愛，還是他能力足以應付得很好。

要有耐性看待孩子的探索

在過程中，爸媽看著孩子不斷地撞牆、不斷地換方向，難免會覺得焦急或不耐。但請務必耐著性子，一個人要找到自己的天賦、天命，原本就是得花好幾年的人生啊！這可不是只有四個選項的單選題，一下子就可以找到答案的。況且人生數十載，孩子有那麼多時間可以探索，當爸媽的何必急呢？當孩子找到真正的興趣跟天賦時，他精進的速度會超快。但如果硬要他很快找一個興趣當方向，反而會讓他後來蹉跎很久卻沒什麼進步。

要忍住，不要揠苗助長

爸媽常常會忍不住想要給孩子建議，甚至找有相關專業的朋友來給孩子下指導棋。但在興趣跟天賦的探索上，自發性是很重要的。如果孩子只是因為比別人更早接觸到專業人士的指導而做得好，那不叫有天賦，那只是學得早。找專業老師來指導固然很不錯，但爸媽初期還是以評估孩子是否有興趣、有天賦為主，不要急著想看到孩子變得多專業、多厲害。等孩子確立了方向、找到了天賦，以後要再變厲害都不遲。

幫孩子找到興趣跟天賦，是爸媽們最難的功課！最高的法則，就是無所為而為，就如同曉妍一樣，支持但不干預。切忌關心則亂、揠苗助長。只要能做到這些，孩子的興趣跟天賦，就會像長女說的，如同考古學家挖掘遺跡一樣，愈來愈具體、愈來愈清楚！

05

教創作，不如教感受

書寫出來感覺一切和睦溫馨，其實零碎的爭執也沒停過，像是他們才為了誰多吃一支冰棒吵了一輪。

但你說我在意嗎？噢，不在意的。

因為實際上來說，終極有效的治療有時不在於你擁有多厲害的治療方法，而在於你是否放棄治療。

醜在起跑點

換季，又到了給孩子們添衣服的時節。

如今網購太方便，所以只要小孩夠大了（約莫小二上下），就可以開始為自己挑選衣服。操作簡易，動幾下手指，過兩天東西就送上門了。整個流程很簡單：先講好衣褲數量，小孩各自點選自己喜歡的丟到購物車裡，最後老母檢查尺寸，沒錯後結帳。

但是讓小孩決定自己想穿的衣服，需要一點被醜暈的勇氣。總覺得穿著這件事，很少有天生品味，每個人多少都有一段黑歷史吧！所以打算讓小孩醜在起跑點，這種視覺衝擊帶來的不適感，生母可以用愛來包容。傷害媽媽的眼睛沒關係，為母則強在此展露無遺。

打開幾個服飾網站，長女已經熟門熟路，風格也變過幾次，目前偏好辨識度低、彩度低、無特殊設計、零記憶點的實穿百搭款式。說跟自己的外型比較相襯，行走在外也比較不容易被注意到，感覺是生物界擬態的概念。

次女的時尚則相當難懂，但骨架子細瘦的她，什麼破布披掛在身上好像都很合理。天生具有戀物體質，看對眼的衣服會認定是與之命中注定的相遇，非要到手不可，再不實穿也會硬穿，可以預期未來不是大好就是大壞。

兒子則是第一次自己選，我的指令是挑兩件長褲、三件上衣，他連往下滑都沒有，隨便點了網頁頭幾件就草率交差。

整體來說，本季度的服飾採購還算順利，三個孩子輪流逛，隔天早上已十分有效率地走完流程。老母最後審視購物車時，發現驚世駭俗的程度已大不如前，唯獨很意外的，長女挑中一件超短熱褲。

「太短，太暴露了！」生母實在不能同意。

可能沒想到會被打回票，長女不認同地說：「厚～哪會啦！」她難得對身外之物如此堅持，說法是很多同學都穿這種短褲。

「如果買了，只要看你穿，我就會一直碎唸啊！我可不想這樣。」老母不想給自己找麻煩。

長女不服：「那我可以不要讓你看到偷偷穿啊！」

「你想一下，有哪個好媽媽會讓自己的親生女兒穿成這樣？」說著同時，腦中回憶起小時候的自己，裙子褲子不夠短還不穿咧！我媽當時該不會是放棄我了吧？

「那你就不要當好媽媽啊！誰會知道！」長女喊得哀淒。

「可是，我不想當壞媽媽啊……」不知為何悲從中來。

「媽，您就當一次壞媽媽吧！等結完帳再當回好媽媽啊！女兒不會怪您的嗚嗚……」究竟為何大清早的要演這麼一齣？

從早餐桌上一路爭執到目送孩子出門上學，我跟長女為了一件該死的超短熱褲，拉扯著彼此肉做的心。

如何成功帶孩子看展覽？

旅行、閱讀、看展覽，都是快速擴充人生體驗的好方法。

前兩者對於許多家庭而言，可能已經十分熟悉，然而說到看展覽，也許就有些陌生了。

其實好的展覽，同樣是智慧與創意的集結，和讀一本好書、看一部精采的電影有著類似的效果。雖然許多人覺得看展覽有門檻、有距離，或者認為不適合小孩子參與，但是根據我們家三個孩子的經驗來說，大可不必看得過於嚴肅。

當然，成年人自己去看展覽，保有愜意的賞玩情懷是很容易的。但是，一旦帶上孩子，尤其是各種階段的孩子，人類幼蟲、半獸人或是前額葉未發育成熟的孩童……那麼看展，就不只是字面上的意思和難度了。

—1—

帶孩子去看展，一開始是自己想看，卻沒人幫忙看顧孩子，只好硬著頭皮，兩、三歲也帶著去。後來撐過一段適應期，知道如何才能順利進行，小孩也似乎習慣了這種偶爾就會來一次的家庭活動。但說真的，我總是獨斷地安排，從沒問過孩子們的意思。

直到這回，登場的是一個非常熱門的展覽，排隊盛況在社群上大洗版。我想著假日人多不宜，所以決定只帶放假中的長女，趁著離峰的週間去，之前並未知會次女和兒子。於是，多年來悉心培育的成果，便完全體現在觀後與孩子的對話中了。

看完展返家後，正好兩傻放學。長女劈頭就開始說，今天去看展排隊排到天邊，腳有多痠、肚子有多餓如何如何。兩個小的聽了十分惱火，說太過分了，姐姐和媽媽怎麼可以自己偷偷去！

「也沒見你們平常有多喜歡看展啊？」我立刻找了幾張展出畫家最知名的作品給他們看：「這個藝術家，你們知道嗎？」

次女更加不滿了，說：「我一直、一直都很喜歡這個眼睛很開的娃娃！」食指用力戳著螢幕。

「所以是誰畫的？」我問。

次女大聲說：「就是姓梁的那個藝術家！」

「什麼姓梁，根本就不知道在那邊吵什麼吵？」我說。

「對！姓梁。」兒子來搶答：「什麼梁美智的！」

……孩子，人家叫「奈良美智」。

— 2 —

帶孩子們一同去看V.M.薇薇安·邁爾的攝影展。其實是老母自己想去，勉為其難拖著三隻。但我也知道，攝影展是展覽中比較難讓孩子進入狀況的類型。

前往展場的路上，我找了一篇展覽介紹文讓長女先讀。

「喔！薇薇安，那個Vivian嘛，聽過啊！」次女擠在姐姐手機前故作了然。

「呃，叫Vivian的其實很多。」長女說完，瀏覽大致上的內容，再用易懂的話語，簡單解釋給弟妹聽。所以說為什麼只讓長女先讀，就是這個道理了。

我通常將時間抓得寬裕一些，正式進場之前，先在周圍閒晃，看街頭表演、吃點心，輕鬆地逛逛文創小攤。等確認孩子們的情緒和緩，評估身心狀態皆良好後，再行購票入場。

生母攜帶理智發展尚未健全的小動物進入展場，施行某些前置作業是必須的。這很重要，關乎觀展是否能順利進行。不可以亂跑吵鬧那些其實已毋須再提醒，但是根據多年經驗，若期待整個過程親子盡歡，孩子們也要同步投入才行。重點是本人沒耐性在小孩耳邊當個免費導覽員，畢竟我也是買票進場的啊！所以，得把最細膩有力且直達人心的操作放在一開始的洗腦……啊不！是行前教育上。

「只要看你看得懂的。」這句是老母的最高指導原則。品味不了畫裡的美，但能觀察顏料堆疊的質地、喜歡華麗的畫框，這樣很好；不明白戲劇或舞蹈的內涵，卻能欣賞舞台燈光的設計、服裝的搭配，也很好。只要看你看得懂的就好！

溝通完基本態度，我環顧展場，再次確認攝影展難度五顆星，得加強力道。

把孩子們聚攏在身邊，問他們：「很多人都會拍照，但你們知道為什麼有些照片特別感動人嗎？」我沉聲低頻，語帶神祕地說：「因為耐人尋味。請你們試著去猜、去想像每張照片背後的故事，這些照片裡，正

發生什麼事……」

接著，我拿入口的頭兩張做示範。敘述畫面時刻意加油添醋、增加故事性以激起孩子們的興致。

然後，就是勇敢放手讓孩子們各自發揮觀賞力的時候了！解散。

但是，解散不等於放生，約莫每十至十五分鐘，老母會留意孩子們的身心狀態。三個孩子裡只有小兒子還是實習生，兩個女兒已經能自動切換成審美模式。尤其長女，有共鳴時的驚嘆，急切地拍照想留下紀錄，著實讓老母有點兒感動。

整個觀展過程約一個半小時，看著孩子們穩定而自主地為眼睛進補，結束離開時也沒被出口邪惡的周邊商品販賣區給迷惑，生母甚是欣慰。

事實上，看展覽是一項有了孩子以後，少數我堅持沒放棄的休閒活動。進行到如今，也算有些成果。

我家孩子們可是兩歲不到，就乘坐嬰兒推車進到日本國立新美術館看雷諾瓦原畫展，全程用氣音說話到出了展場還改不過來的孩子啊！（我驕傲了嗎？）也是通過數年來某些展場人員非理性的看管之下存活到現在，不再被時刻懷疑是否會突然暴走的孩子啊！（好的我驕傲了。）

過去時常在入場前，生母得堅定不移地告訴展方，我有能力看管好自己的孩子，他們不會影響到別人，更不會傷害作品。但同時你知道，此話一出，便開啟了親子之間的默契大考驗，或者說是一次教養的期中測驗。

家裡的半獸人們，得清楚知道爸媽是認真的。觀展過程中能做的唯有專心欣賞作品。這並非玩笑話，是說一不二最高級別的指令。一開始的磨合雖然讓人緊繃不適，也有些壓力，但其實要不了多少次，他們就能領會其中的規則。

情況也許是，孩子看到一半說尿急，牽到廁所後，孩子小手摀著嘴，用氣音問：「廁所裡可以講話嗎？」又或者是，某次孩子看完展，走到外頭盯著馬路地上的標線，以為是展品前方地面上常出現的界線而不敢跨過去。這時爸媽就知道，從此可以放心帶孩子進入展場，甚至能夠大人小孩各看各的了。

預祝各位爸媽，闔家都能擁有美好充實的觀展體驗。

葉教授觀點——

培養孩子的美感

一直以來，美感教育是我們台灣社會所欠缺的。大家在歐洲各國、日本這些地方旅遊時，會覺得他們的公共建築、社區建築、店家，或一般人住家裡的物品擺設，看起來都很和諧、很賞心悅目。可是一回到台灣，卻發現台灣各地的公共建設、學校建築、車站、店家，搭著高低大小顏色都不同的招牌、在街頭恣意延伸切割視覺空間的電線，舉目所及各種突兀的存在，一點也不賞心悅目。更別提那些如高跟鞋教堂，一般備受藝文界人士爭議的誇張公共藝術。

過去的年代，台灣人著重的是實用主義，大家在乎的是東西便不便宜、CP值高不高、好不好用。至於美不美、有沒有賞心悅目，往往都不是最重要的考量。看到很突兀、不好看的設計，主事者往往以「美感是見仁見智的」一句話來開脫。過去數十年，台灣人的美感素養實在沒有什麼進步，這其實也是台灣產業、產品，要做品牌打入國際市場的致命傷。

試想，當台灣人製作、設計的東西，如果在視覺上一開始就比別人做的難看，初始印象就差了，還怎麼跟人家競爭？東西好用但不賞心悅目，是無法成為世界一流品牌的。所以台灣的下一代，如果還是沒有被培養美感素養，這將會影響他們在全球化時代下的國際競爭力。

有鑑於此，政府近年也開始在推動美感教育和公共設施的美感提升。但要培養孩子的美感，學校、社會、家庭都很關鍵。政府固然開始推動美感教育，但要在各級學校生根，其實還需要相當長的時間。至於社會的部分，進展更是緩慢，舉目所及的公共建設、設施、店家，大多數仍舊沒有重視美感。

當學校、社會都無法給台灣孩子足夠的美感養分時，孩子能不能有美感，家庭教育的角色便非常重要。如果爸媽是有美感、注重美感的人，孩子在耳濡目染之下，就會成為有美感、注重美感的人。反之，若爸媽對美感毫不重視，那孩子在台灣，除非是自己對美感有自覺，不然長大也很難成為有美感的人。

我的好朋友，當年跟我一起同得台灣最高創新獎項「總統創新獎」的謝榮雅先生，他曾拿過國際上許多重要的設計大獎，是國際知名的工業設計大師。這樣的人，其實是個在彰化鄉下長大的小孩。

我曾問他，他是如何建立自己的美感，成為世界一流的大師？他跟我說，美感絕對不是見仁見智的。一個物品怎麼樣才好看、會讓人覺得和諧、會讓人看了心情愉悅，是有其道理的。他告訴我他從鄉下長大，到後來開始建立自己美感的方法：就是要多看、多體

驗世界公認「美的物品」。這樣的體驗愈多，就愈能建立美感素養。所以當他在大學教設計的時候，他最常做的就是帶學生實際去看世界知名品牌的設計，比如去看保時捷的車體線條、空間配置、底盤管線等等。從方方面面的細節，逐步建立學生審美的標準。

所以，如果爸媽要建立孩子的美感，就要常帶孩子去看美的東西。曉妍不愧是藝術出身的媽媽，對孩子的美感教育很重視，所以常帶孩子看展。可是看展怎麼看？孩子年紀那麼小，看不懂怎麼辦？會不會浪費時間？其實在文章中，曉妍已經教會大家了。

看看她在文章裡是怎麼跟孩子說的？只要看你看得懂的就好！

看展的時候，爸媽不需要給自己或孩子很大的壓力。只要讓孩子用這樣的態度去看展，讓眼睛去吸取養分，久而久之孩子看多了就會開始養成自己的美感。聽起來好像這沒有那麼難？許多爸媽好像也都可以做得到？

如何養成孩子的美感素養，曉妍的做法，對我們許多爸媽來說，真的是非常重要的一課！您要不要也開始試試多看美的東西呢？

06

說到自主學習，我更擔心閱讀過量

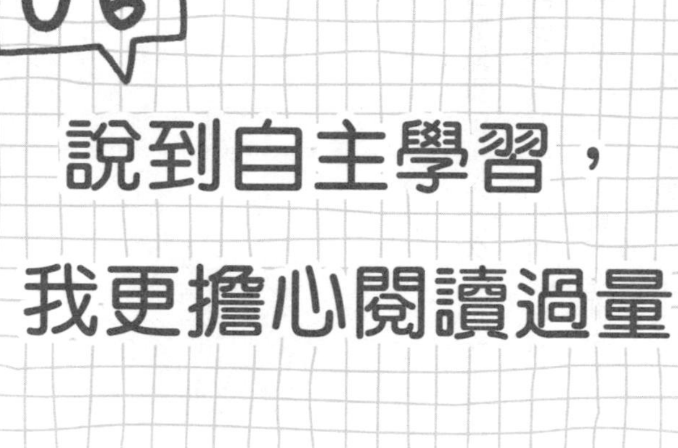

讓孩子愛上閱讀的小伎倆

假期中，郤和孩子們過著待在家趕稿的非人生活，今天我的門，大概被闖入上百次。以兒子為例，每隔幾分鐘就來找我，討論他想像中店裡吉祥物的背景故事。

劇情描述吉祥物意外找到藏寶圖，寶藏在一個小島上，所以必須搭配故事

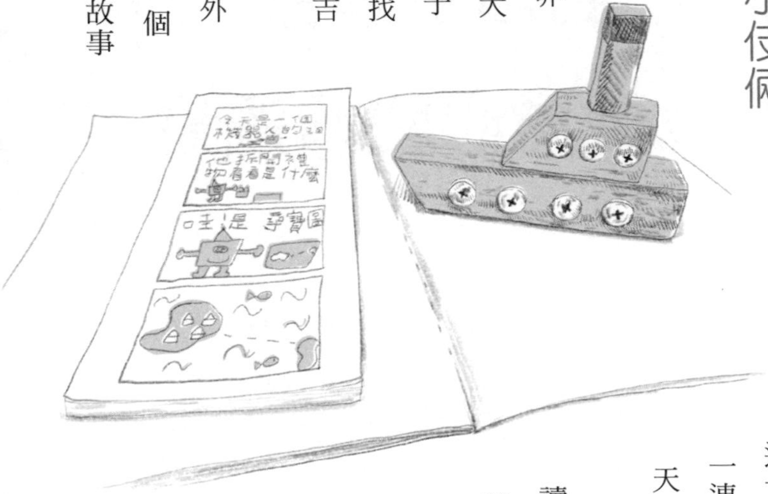

造一艘小船。接著研究如何造船，和一連串的找圖、畫圖，敲敲打打半天，最後小船變郵輪。

忙累玩累了，就拿起閒書來讀。《神奇柑仔店》一到六集，說讀完要寫心得報告。他有一個小本本，內容除了讀書心得，也用來記錄展覽和電影的觀後感。通常一個主題會涵蓋一到兩個跨頁，並且附上插圖。老母每次借來看，都引發內心的可愛星球大爆炸。

看他的文字時，我不改錯

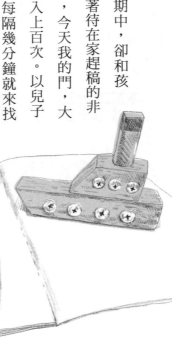

字，錯誤也很真實。心得報告筆記其實也是他ＵＵＱ公司的主力商品之一：一本騎馬釘平裝筆記本，寫好寫滿售價五十元。老母是主要的藏家，每有產出必收，並演出一個人的爭相購買，與懇請作者割愛的戲碼。

但這種事講出來應該會被罵吧？用錢買小孩的作品。事實上，除了是真心想保存無敵可愛的手寫字，這也是老母引誘孩子喜歡上閱讀的慣用伎倆之一。

讓孩子去讀稍微超出自己能力的文章，讀懂這句、忘了前一句，的確很難享受到閱讀的樂趣與暢快感，一開始都會抗拒。但我相信，永遠有效的策略叫做投其所好。愛錢的用買賣當誘因；愛享受的懶鬼，就設置頭等艙般的高級服務：空調、音樂、茶水、點心一應俱全，讓閱讀的印象等於開心等於爽。

然而家長若是擔心孩子會變成為了好處才願意看書，那就多慮了。基本上，閱讀是一件愉快的事，一旦發現已經入坑，就可以果斷收回ＶＩＰ待遇，回歸教養正確的康莊大道。目前，三個孩子均無產生後遺症，持續熱愛閱讀中。

長女練功記

—1—

自從長女迷上長篇武俠小說後，兩隻小的毫無意外也跟著一起瘋，在他們旁邊總覺得江湖味很重，家中類似句子不絕於耳。

「這回我就饒過你，希望你從今以後懸崖勒馬痛改前非！」（究竟才幾歲的孩子能犯下什麼滔天大罪？）

「我已經派出丐幫所有的弟子去幫你找課本了。」（江湖人情味就是濃。）

「我就要看你怎麼在江湖中身敗名裂！遺臭萬年！」（只不過次女某次小考沒考好。）

「多謝大俠出手相救……」「快別這麼說，現在最重要的是找個地方好好養傷。」（其中一個被我罵，另兩個趕著來護航。）

「就憑你倆的功力，根本不是我的對手！」（弟弟妹妹合力對抗姐姐時，長姐撂下狂語。）

除此之外，手足互動中，也隨時穿插許多寓意不明的互動。

例如三隻突然聚集在一起，高昂地喊：「我，鹹魚！」「我，小滴！」「我，小咕！」「在此結為兄弟，有福同享、有難同當！」所以現在是兄弟之前是什麼關係？

「我們就此別過吧！」長女提著衣籃對弟妹揮了揮手，只不過要上樓去收個衣服。

「咦？這不是失傳的《廣陵散》嗎？」聽到小咕在練琴，彈的是兩隻老虎鬼打牆版。姐姐驚呼：「小小年紀竟有此番修為，不簡單啊！」

（註：《廣陵散》為古琴曲名，又名《廣陵止息》，相傳是東漢末年流行於廣陵的民間樂曲。）

但這些都不打緊，過分的是這天老母在廚房站久了腿痠，斜倚在沙發上閉目小憩。這時次女走近關切問道：「媽咪她怎麼了？」

長女語氣透露著哀戚與不捨，說：「媽咪她老人家，她、她……她已經仙逝了！」

—2—

用餐席間閒聊，生母突然想到，似乎有幾天沒收到次女的聯絡簿了。通常孩子們寫完作業，得把簿子翻在對的位置、一本本疊好擺在我桌邊，並且附上筆，這樣我才會簽，一種批公文的概念。見她怯怯地拿出來，我問，怎麼沒主動拿來簽？老母日理萬機哪記得了這種事！

她支吾說，因為考了「不吉利」的數字，姐姐告訴她，那是魔幻數字、累積三次會成真，是國小校園間流傳的詛咒。

接著，我看到連三個八十七分的小考分數。

生母惡狠狠地瞪向一旁悠哉咀嚼的長女，她正用右手捏著一大坨淡藍色史萊姆，左手則卡卡地拿湯匙挖飯同時還要翻小說。

「你這樣是要怎麼吃？」沒錯，就是蓄意找她麻煩。

「我有練過，這叫左右互搏。」她頭也沒抬。

我又問：「練過？誰教你的？」

她終於望向我：「昨天下午我蹺課，用輕功翻牆出去，結果遇到老頑童，他教我的。」語氣之認真、表情之自然，彷彿說著一件真實發生的事。

（註：左右互搏，又稱雙手互搏，是金庸武俠小說裡的一門武功，為《射鵰英雄傳》中「老頑童」周伯通被「東邪」黃藥師困於桃花島時所創。）

3

吃完飯，全員各忙各的。

沒過多久，每次考到臨頭了才冒出問題的次女拿數學課本來求救，但很抱歉老母正忙著沒空。於是她捧著習題轉向長姐：「姐！姐！你可以教我這個嗎？」

「我已經不是幫主了，以後別再這樣稱呼了！」長女回得慷慨激昂。

「幫主！我知道您不想理會幫中事務……」次女拔高音量：「但若是幫主不出面，江湖中再無丐幫一派啊！」（為什麼可以馬上接著演？）

「嗯……好吧！」長女沉吟半晌，頷首接過習題：「我來料理這幫鼠輩！真是山中無老虎，猴子稱大王啊！」

4

生母持續專注於工作，孩子們則自理課業上的事，如此又過了一會兒。兒子玩累了，跑來找老母撒嬌充電。

骨灰級萬年老嬰忘情地在老母懷裡咿啊扭的，長女走過來瞥了老嬰一眼，接著指著我對他說：「嘿！小兄弟，你跟這個老毒物是什麼關係！」（註：老毒物指的是金庸筆下的「西毒」歐陽鋒。）

正想起身挑斷這名狂妄妖女的腳筋時，她又說：「我是想來跟你說，我現在覺得武功比魔法厲害，魔法大部分是靠天生的，武功可以靠努力來練成。」

什麼？老天啊！這不就是江湖中盛傳的成長型思維嗎！

—5—

晚上，結束睡前的聊天時間，孩子們最後一定要說聲「愛你晚安」，這已經成為一種儀式。兩隻小的會來一陣八爪章魚式的纏綿完再說，而長女只會把被子蓋好、安安穩穩地說。但今晚很不一樣，正準備關上夜燈時，長女默不作聲地移來我身旁，靜靜地躺了幾分鐘，然後幽幽地說：「媽咪我問你，為什麼很多厲害的人都沒有父母，像楊過、李莫愁、小龍女、程英、陸無雙、張無忌、張三丰和令狐沖，連哈利波特也是孤兒？」

昏暗的單一光源，照映著一雙晶亮的單眼皮眼睛，不知為何突然讓人湧上一股寒意。

閱讀與自主學習的重要性

葉教授觀點——

閱讀，是全世界國家在教育方面非常重視的一塊。全世界評比本國教育好壞最重要的指標「國際學生能力評估計畫」（ＰＩＳＡ）所考的三個項目，除了數學、科學外，就是閱讀素養。為什麼閱讀素養這麼重要呢？

因為接下來的世界，在未來二十年會有非常劇烈的變化。不管是產業的更迭、職業的汰換、商業模式的推陳出新，都會隨著全球化、網路化、行動化、還有ＡＩ技術的成熟，而產生天翻地覆的改變。在這種情況下，哪個國家的下一代教育能培養出自主學習的能力，他們就更能適應未來日新月異的產業型態。

培養自主學習能力的關鍵之一，其實就是閱讀。當一個孩子有好的閱讀能力、興趣、習慣時，他便可以靠自己吸收他所沒有的知識、資訊，進而統整、反思，建構屬於自己的知識體系，這其實就是孩子開始在自主學習了。

也因此，如何讓孩子願意看書、喜歡看書，也是許多有心爸媽的期待。但很多時候，孩子不見得會順著我們的意思去看書。許多爸媽因此覺得很苦惱，不知該如何是好。其實孩子不見得不喜歡看書，而是他們不想看我們要他看的書。當爸媽一再逼迫或是強力推銷時，反而會讓孩子討厭閱讀。

所以如何引導、如何陪伴孩子度過閱讀的撞牆期，就很重要。像曉妍這樣，用不同的方法去引導孩子，最後讓孩子們都喜愛閱讀，甚至還會用小說裡的話語跟媽媽「答嘴鼓」，這真是太美的風景了！這樣的結果，想必會讓很多重視閱讀的爸媽覺得羨慕。但這並無法一蹴可幾，而是需要爸媽花時間去陪伴並觀察自己的孩子，因勢引導，慢慢透過實驗去找到最適合自己孩子的方法，才有可能成功。

在這裡我也分享我家的案例，提供給孩子不喜歡閱讀的爸媽參考。當孩子不願意閱讀，您可知原因可能出在哪？而我是怎麼找到我家孩子的原因，讓不願意看書的孩子願意看書？

幾年前讓我很困擾的，是我家小小葉並不喜歡看書，他總是看沒幾頁就看不下去了。為了找出他為什麼不想看書的原因，我花了很多心力。曾經我也很挫折，但是經過好一段時間摸索，最後終於被我找到原因。我花了好久的時間，終於找到獨門的解方，甚至讓他看完了丹．布朗的超長篇小說《起源》！看到小小葉竟然可以閱讀這樣的份量，讓我很開心。很難想像，他之前還是個看書只看兩頁就想放棄的孩子。在我解決我家的問題後，我才發現台灣有類似問題的孩子其實很多，但爸媽卻不知道怎麼解決。一直以來，我沒看過有人提過跟我一樣的做法。

一開始發現小小葉很不喜歡閱讀，我以為是書籍內容題材的問題。有一年，國際書展邀我去演講，我就順便帶他一起去書展，找看看有沒有他喜歡的題材。結果演講完，我帶著他到處走，逛了二十幾攤，每一攤他都是書拿起來翻一、兩頁，就說沒有興趣。我陪著他愈逛愈不耐煩，實在沒辦法理解，怎麼有可能只看一、兩頁就可以判定自己對這本書沒興趣？

後來我想到他從小對偵探、推理故事特別著迷，於是特別找了一本亞森羅蘋的小說給他看，看看是否能打動他，沒想到小小葉也是只看一頁就說不想看。亞森羅蘋欸！那可是我們小時候看到廢寢忘食的小說，怎麼可能只看一頁就被唾棄了？我實在無法接受！

後來我帶著他在書展繼續逛，最後他在某一攤翻到一本書後，就跟我說想買這本。我幫他買了那本書，但一直在想，這本書到底有多厲害，為什麼只看一、兩頁就被小小葉認為那是他願意看的書？奇怪，這書看起來沒有亞森羅蘋好看啊！到底為什麼小小葉選了這本書？這問題讓我百思不解。

回到家，我把那本書翻來翻去，最後終於看出了可能的原因！這本書的排版相當疏鬆，跟其他書比起來，字句的密度差很多。我在想，會不會是不喜歡閱讀的孩子，一看到字密密麻麻的，就會覺得壓力很大而放棄閱讀？為了確認我的猜想，我決定做實驗。我先在自己常用的電子書閱讀器，買了書展我給小小葉看的那本亞森羅蘋小說。然後我在電子書閱讀器裡特別調整文字行距，一頁只有五行字。設定好了以後，我給了小小葉看，測試他的反應。

Bingo！當初在書展連一頁都讀不下去的同一本書，沒想到透過電子書閱讀器，小小葉竟然目不轉睛地看了一個多小時。我的猜想是對的，其實有些孩子根本不是討厭閱讀，也不是靜不下心，而是他們視覺感官的接收，無法容忍密密麻麻的文本。

後來亞森羅蘋看完後，我就給小小葉看了《起源》。這本超級多字的小說，他用了一個多月的時間看完。在驚喜之餘，我發現這也是許多父母的盲點：孩子從小看繪本、童書，突然一下子跳到純文字書籍，爸媽們可能忽略了這樣的轉換過程中，孩子是否能適應？對於不適應的孩子，爸媽就以為孩子不愛看書，但其實會不會是我們還沒有找到對的方法呢？

從我對小小葉的實驗中發現，其實並非小孩子不愛閱讀，而是要找對方法工具，讓他們更樂於習慣閱讀密集的文字。這是我找到我家孩子不願意閱讀的原因跟解法。您的孩子如果喜歡閱讀，恭喜您！不用煩惱這樣的問題。如果您的孩子不喜歡閱讀，不要氣餒！只要用心陪伴、觀察、嘗試、引導，您一定也能找到讓孩子喜歡閱讀的方法的。

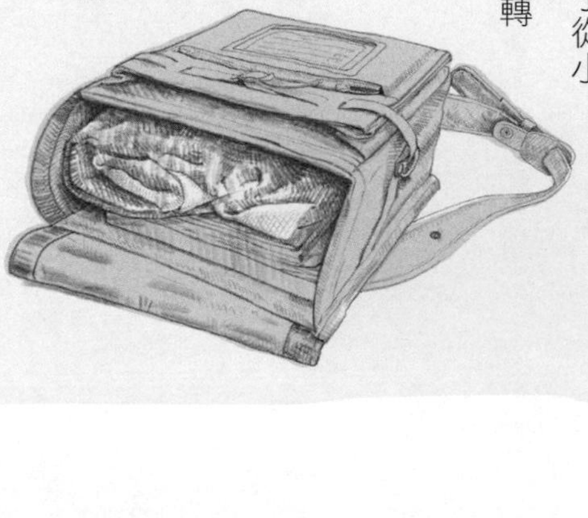

07

教養，唯廢與榜樣

兒子說自己是這學期的副班長，我問怎麼當上的？他說是班長指派，班長是他的好朋友。

姐姐們聽了大喊：「哪有這樣的？不可以靠交情，要看內在！」

「有啊！他，他有看內在！」兒子大聲抗議。

過了一會兒，等姐姐們入睡後，他才悄悄爬到我身邊小聲問：「什麼是看內在？看我不穿衣服嗎？」

一直都很認真

透過親身體驗，如今我會說：十二歲左右，父母與孩子的關係，會逐漸回到基本的人與人之間的相處，必須及早在心理上做好準備。

像是這天，長女看著筆電突然微微驚呼出聲，我問她怎麼了？

她說，剛才好奇做了一題網路上的性向測驗。

「結果呢？」我又問。

「結果……結果我居然是雙性戀！」長女一臉不可置信。

「太棒了啊！」我面露欽羨說：「你這樣不就活生生多了一倍的機會嗎？」這算是在單身市場裡的天生優勢吧，基數變這麼大，選擇一定也多出許多。老母真心祝福，手比愛心。

我說完，長女便單方面結束了對話，低下頭繼續忙自己功課的那個瞬間，眼神倏地冷了，嘴角也輕微抽動。

又過了一會，她像是想起什麼似的抬起頭說：「我們班同學說，跟媽媽聊那種成長的問題很尷尬。」聳了聳肩又說：「但我覺得，一點也不會。」

「喔！是嗎，為什麼？」這莫非就是傳說中親子間最珍貴無價的信任！

雖然表面上一派平靜，但內心的超大卡司寶萊塢歌舞歡騰著，繽紛的賀彩齊發，號角聲響徹老母的小宇宙，我向兩側夾道簇擁的不存在的民眾揮手致意。

凱旋隊伍還沒過城門，長女接著說：「因為對方如果沒有想要認真回答你，你真的不會覺得尷尬。」

這時，老母內心的歌舞昇平戛然而止。原來是誤以為不被重視，所以也就不需尷尬啊！

「呃，可是……我都是認真的啊！」我連忙解釋。

「天啊！我沒想過問題這麼大。」

對人不對事

長女追著名的時尚影集《決戰時裝伸展台》有一陣子了。這天飯後，她又看了一集，看完一副終於受不了地說，評審講話實在太刻薄了。

「評論是對事不對人吧？而且多半也是節目效果啦！」我回她。

見她依然忿忿不平，我又說：「做設計、創作的人要有顆強壯的心臟，能接受批評。就算再努力做好，也會有人討厭你（的作品）。」

接著再拿她來舉例子，說她逛街時看到無法欣賞的衣服，不也總是毫不留情說醜死了嗎？

「受眾和消費者是殘酷的，喜歡、不喜歡，一翻兩瞪眼，只差在你有沒有聽到（評價）而已。」

與長女聊完後，我順道走到窗台照料植物。兒子在一旁幫忙，灑水拔雜草。後來他不知何故，把前陣子在雜貨店買來掛在窗台欄杆上、鍍得閃亮亮的不銹鋼鐵籃掛進了室內。

用來放置小型盆栽的掛籃，也許世上只找得到這種醜醜的款式吧！選購時心想著，若是擺在室外讓金屬自然舊化，再配上植栽的綠意，應該會好一些。只是，放室內就不能看了。

於是我見狀，立刻制止：「不行放裡面，很醜。」

「會嗎？為什麼？」兒子滿臉疑惑，說：「如果這個籃子是我做的呢？」

聽見兒子這樣問，說時遲那時快，老母一把把他摟入懷裡說：「傻孩子！要是你做的，就好看。」毫無疑問。

這時，原本窩在電腦前做功課的長女的頭，像長頸鬼魂般從螢幕

後面浮出來看向我倆說：「媽咪你，是最沒有資格說對事不對人這種話的人了。」

我的寶貝做什麼都好看！我就超主觀怎麼還需要你同意嗎？

母女的社群網戰

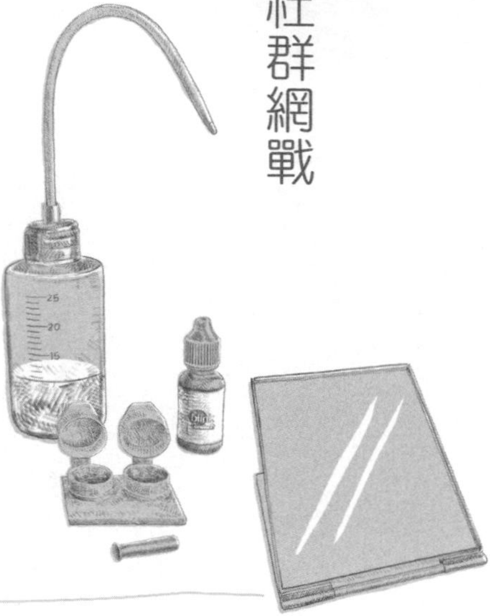

一連兩天，看見長女在自己的社群網站上發了跟老母平日相處的短文：

—Day 1—

今天上思辨表達課，兩方分別是：賺很多錢，做自己不喜歡的工作；賺很少錢，做自己喜歡的工作。

下課後，我問我媽，想選哪種？她一直鬼打牆的堅持說，她要做喜歡而且也賺錢的工作。我告訴她，這是辯論，一定要選一方。她痛苦而任性的說她不要。

我說：「要是一天能賺一萬塊，叫我去掃廁所我願意。」

她翻白眼，回我說：「整天掃廁所賺一萬，掃了整年也只有三百六十五萬，你覺得很多嗎？」

我說：「我會再想辦法投資。」

她說：「你每天只注意大便流去哪裡，怎麼投資？」

Day 2

每天睡前，我都要戴上角膜塑型片。戴上以後，就必須立刻去睡覺，不然會很不舒服。

剛才，對醜和亂嚴重過敏的媽媽對我說：「你弄完眼睛要把東西歸位，不要讓我每天幫你善後。」

我回她說：「沒辦法喔！我戴上後就要馬上進房間。」

然後，這位家長也就是我媽，突然摀住耳朵，用力搖頭，一邊喊著：「我不聽！我不聽！」完全拒絕溝通的快步走掉了。

看完她的文，老母的人生跑馬燈開始全速飛轉，回憶著、思索著，跟長女的相處中，還有什麼缺漏（或把柄）。無奈就算再努力，金魚腦還是回溯有限。只是有件小插曲，想著還是自己先承認為好。

前天，她嚴肅認真地問我一個問題：「為什麼有些人講話，別人都會比較願意聽？」

我回她：「因為長得比較好看。」

我錯了～～～（哭跪）

自由與歸屬感

長女看到弟弟苦思良久終於完成的木工作品，讚賞地對弟弟說：「厲害喔！」老母在一旁聽見，嚴正對長女說：「你這樣稱讚小孩，太不正確了。」

我告訴她，目前最為風行的讚美標準流程是：首先，你必須蹲下來，與孩子平視，搭配一雙欣賞的眼神，語氣溫柔而堅定地說：「姐姐有看到你好用心在做這個，謝謝你願意跟姐姐分享。」

我還沒說完，長女大聲說：「ＯＭＧ！你自己就沒這樣啊啊啊！」微慍中帶著不可置信：「你最多只會說，矮油不錯嘛！」

看著情緒過激的少女，我緩步走向她，與之促膝而坐，拾起她的雙手緊握，搭配一雙欣賞的眼神說：「女兒啊，媽媽真的好高興你有觀察到這個。」我的語氣溫柔且堅定：「矮油不錯嘛，確實是媽媽最高等級的讚美。」

她把手抽開，一臉見鬼了的跳開。

後來，到了睡前的聊天時光。熟齡生母因為偏頭痛的症狀來到高峰，只能以靈肉分離的形式陪睡，而話題就由長姐來主導。

這種狀況並不罕見，長女雖然得心應

手，只是多半都聊自己有興趣的話題。
　　今晚跟弟弟妹妹說的主題好深，「自由和歸屬感，只能選一個！」她說。
　　這遠遠超過兩傻能負荷的程度，但無論懂不懂真正的含義，最後他們都不約而同地選擇了「自由」。接著，也因為話題過於沉悶，讓聊天一向容易嗨起來的兩傻，難得自動自發地進入睡眠預備狀態。
　　互道晚安前，長女不忘向弟妹下了結論：「既然歸屬感不是最重要，那就不用太在意別人，甚至是自己的媽媽都教了我們什麼，一樣聽過就算了，懂嗎？」
　　終於，找到少女叛逆的原因了！

沒有人討厭巨石強森

這些日子以來，北台灣雨林區的降水量正常發揮著。室內還好，三台除濕機沒停過，晚上和孩子們在家煮拉麵吃，我來回在爐子和餐桌之間，為食客們加麵添菜，只差沒服務鈴。

孩子們圍在溫暖且濕度剛好的桌子旁，一邊填飽肚子，一邊閒聊。

他們聊到霸凌，熱烈討論著各種狀況，例如被壓迫侵犯到什麼樣的程度就得豁出去反抗。

最後長女表示：「如果跟我要錢，我應該就會跟對方拚命了！」

孩子們無異議通過，這絕對是底線。

再談到生命，正當麵攤阿桑不計成本地為人客加麵時，他們也問了我，有沒有曾經想死？

不是因為人母職責的包袱，我還當真沒想過要放棄生命。也許是能賴以生存的選項少得可憐，時刻都在面對自己的無能為力與求之而不可得，所以一直以來怎麼活著這件事才是重點，有時候廢材的求生欲也是很旺盛的。

「喔對了，其實這個世界還滿有趣的啦！」為人老母不忘補充正確的觀念。

次女聽完，比出叉叉手勢說：「答錯！媽媽的正確答案應該是捨不得小孩好嗎？」

接著，話題來到人際關係。

他們聊著聊著，往廚房大聲問：「媽咪！就算有一個人沒有討人厭的地方，還是會有人討厭他嗎？」

「當然有可能啊！」我在爐前扯嗓子回答。

桌邊服務時我問：「你們覺得誰是那樣的人啊？」

孩子們異口同聲：「巨石強森！」他們都是巨石強森的腦粉，自從看過《野蠻遊戲》後就對他無限偏愛，至今我還不太清楚喜歡的點究竟是什麼但那不重要。

後來，看他們吃得差不多了，我提議叫幾碗甜湯，這種天氣喝熱呼呼的甜湯最讚！

自動算好孩子們的份數，沒幾分鐘後點好餐：「待會外送你們收喔，自己分著吃，我去工作了。」

這時，長女嘆了一口氣，語重心長地說：「媽咪，你好適合當老闆喔！」

「為什麼？」因為行事果斷有效率嗎？老母內心大幅度地撥髮搭配華麗轉身。

「你喜歡團隊合作，但不管別人喜不喜歡。」

08

每個孩子都是專案處理

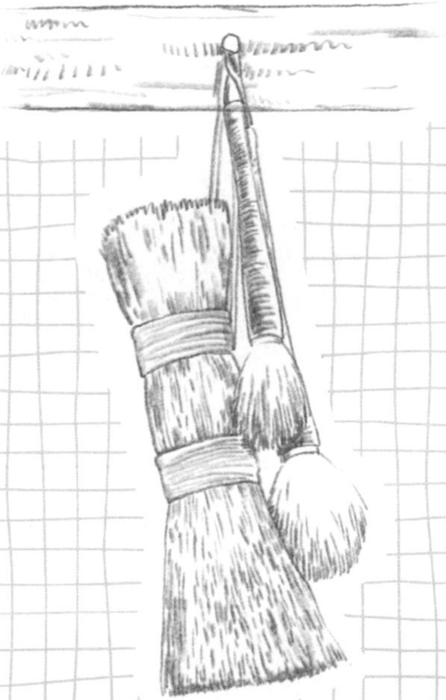

次女參加競爭激烈的法語社團甄選，全家都很好奇她究竟是怎麼中選的。

她說當時，老師問每個學生：「為什麼想學法語？」

小朋友最誠實了，有一半以上回答說：「是媽媽叫我來的。」

「那你是怎麼說的呢？」我問。

次女回答：「我說，我對語言和各國文化很有興趣，尤其是法國，我希望有一天能到法國旅行或讀書。」

「中了！中了！」這還能不中嗎？全員歡呼。

自己的小孩自己教

「我小時候乖嗎？在小咕、小滴這種年紀的時候？」

長女還在弟弟妹妹把家裡轟炸得滿目瘡痍，而好媽媽包袱令我只能堅守在離他們幾步之遙的位置，用僅存的一絲理智穩住自己的外在表現時，走到我身邊這樣問道。

我看向她。長女已洗好澡、吹乾長髮，穿著淺藍色毛巾布連身睡衣，整個人看起來又香又蓬鬆。手臂內側還夾著一本厚厚的精裝小說，臉上的淺笑知性而恬靜。

無法被忽視的，她背後虛化的動態景深恍若動物園裡的猴園，因經營不善，積欠薪資導致罷工，無法定時清理遊客亂扔的垃圾。缺乏照料與訓練的小猴子，他們披著汗溼的頭髮和衣物，嘴角還沾著食物殘渣，在滿地的書籍、積木和玩具中無憂無慮地玩鬧蹦跳著。

此景令人哀傷莫名，那幾乎像是，兒童節連假在家玩耍的人類小孩。

「喔還有，我作業都寫完了。」她再補充一句，意圖使自己當選。

「你的問題從來就不是乖或不乖啊！你知道的，是『看起來』乖。」只是實話實說，然而我沒說出口的是：「你無非就是要我看清楚，家裡只有一個是乖的，另外兩個是瘋的吧？」

「那好，如果你是媽咪的乖女兒，那麼現在，代替上天去懲罰他們吧！」說完我彎下腰，從椅腳邊拾起不久前飛來差點擊中我的彩帶魔法棒，遞給她說：「管好你的弟弟妹妹。」

她低頭看了看我手上的法器，沒有要接過的意思。「不了，自己的小孩自己教……」眼神從誠懇乖巧倏然轉為冷漠，不帶情感地說：「而且我有聽說，你小時候就跟他們倆一個樣。」

嗯……是時候去找阿嬤懇談了。

貓頭鷹躺著也中槍

跟小孩在一起的自己，常覺得很偏廢。花掉大把光陰去體會、去觀察另外三個生命，卻從來沒有一個時刻，他們是全無問題的。

只是，雖然大小狀況從來沒停過，但三隻都沒有照書養。因為我始終認為，所有的互動與對話，都是活的、由幾十幾百種變因組成的，只要自然且趨近合理的去完成就可以了。

不找步驟、不找濃縮，我要擁有屬於彼此故事，想要保留整個過程。也許只是慢了一點、曲折一點、有時候搞笑一點。

關於長女，近來考慮讓十三歲的大孩子正式擁有一支智慧型手機。她的確已經有需要，例如課業上的作業交付，獨自在外行動時方便找路、聯繫、看車班等等。

知道這個可能性之後的孩子，興奮掩飾得十分拙劣，但老母我實在想不出萬無一失的約法三章。於是拿出自己的手機，介紹幾個自己常用的功能和App，以及我平日如何運用。跟她說我在社交軟體上的每一篇發文、專欄的文章，甚至許多故事創作的靈感，都在手機上用零碎時間完成的。

現在無論是拍照記錄、收發信件、跟出版社或會計討論事務，都可以在手機即時完成，以效益來看，整個人的產能因此增加兩三成算保守吧。手機有時候的確是個害人不淺的東西，卻不可否認也是個無比好用的東西。我請她試著想一想，如何運用這個超便利的工具。當然，老母並不期待她能馬上理解，也許還是注定得走過一段濫用期，總之再看看吧！

而次女的老二情節是老問題了。那種找不到著力點、比上比下皆不足的心浮氣躁依舊。之前因為母性自然去心疼她，旁敲側擊瞎忙活了好一陣子後我才發現，孩子得靠自己去找到存在的價值和底氣，不是誰來幫忙或口頭上的鼓勵就能支撐推動的。

所以老母便轉而努力補充她的身體，準備新鮮飼料餵食人類幼蟲的行為，每日持續。她是個極瘦的小猴子，抱起來像套著鋪棉外罩的硬殼行李箱。

我的這一窩小狗，有不吃東西只顧著追蝴蝶追到迷路的；有毛皮豐厚、撒嬌撒夠本了再用很可愛的樣子滾去玩耍的；有大搖大擺占據窩裡最舒適的位置，誰也不敢惹的。老母時常擔心著他們，也擔心自己忘記要成長。

這天此時，如常地陪孩子們吃晚飯，聽

三隻閒磕牙。他們聊到「什麼動物的臉最難看」，結論竟然是貓頭鷹。他們說貓頭鷹的臉像蘋果切一半，然後還氧化了，只是從前都不敢講，怕霍格華

茲的信不寄來。

我在旁邊聽到差點笑得快斷氣，覺得貓頭鷹躺著也中槍，覺得能說出這種鬼東西的小孩很棒，完全不用擔心啊！

有了孩子的自己，真的很偏廢、很有事。

人美心善

次女說明天有游泳課，體育老師告訴同學們，游蝶式的直接給三百分，所以她便早早就寢儲備精力，打算明日一舉拿下。

於是我先陪她睡。關燈、躺平，聽著孩子的呼吸聲，漸漸變得混濁而規律。突然，她開口問我：「媽咪，我是不是很笨？」帶著微微鼻音，究竟是想到什麼了呢？

「什麼？哪會笨，你只是比較不擅長讀書考試，這種小孩在當學生的時候常常會覺得自己不好，但真的不必這樣想，努力找到自己的專長就好了！」

以老母的直覺，覺得不太對勁，她是遭受到什麼刺激嗎？於是我問：「咦，可是你為什麼會突然這樣想？」

次女嘆了一口氣，說：「剛才姐姐說，班上有自願去照顧智能障礙者的活動，她一直在考慮自己能不能勝任，想了一下覺得應該沒問題，因為，她說她有跟我和小咕相處的經驗……」

「齁！你不要聽姐姐亂說，等她再大一點我就送她去非洲當義工，三年內不准回家！」原來成長中的心靈創傷也可能是手足造成的！這到底正不正常！

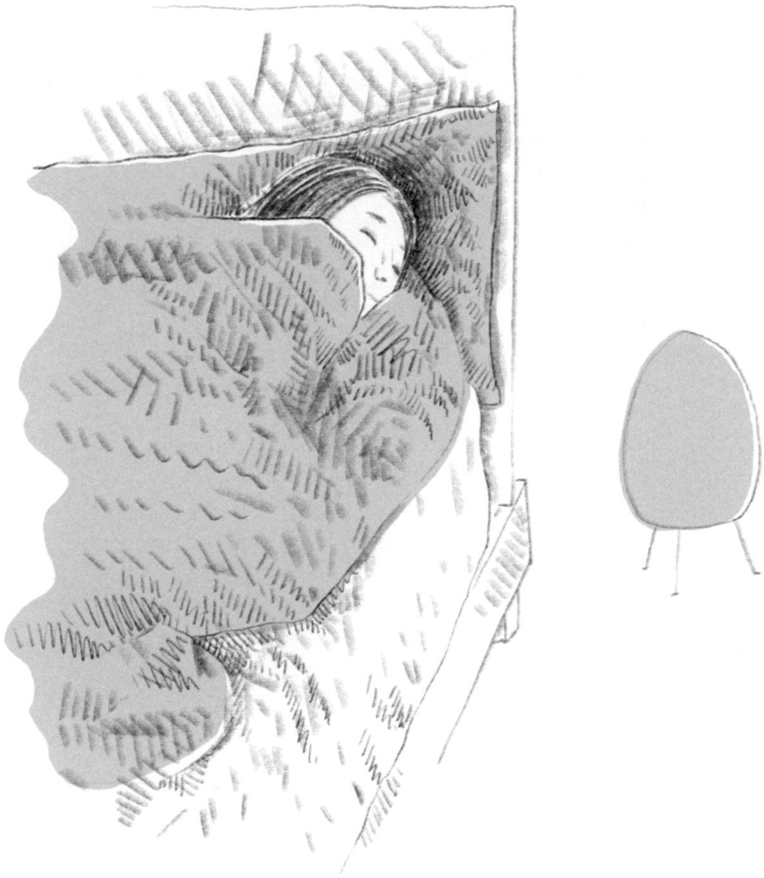

「謝謝媽咪，可是我，我會捨不得姐姐……」次女哽咽道。

「你看，你心地很善良，這也是一種優勢啊！這比數學成績好有用多了。」善於引導的母親接著深入問道：「那你知道自己為什麼常被形容人美心善嗎？」次女長得算可愛的，瓜子臉、菱角嘴，特別是那雙靈動有神的大眼睛。

「呃，不知道？」

「是遺傳。」

老母說完這句話，孩子便沒再回應。在安靜漆黑的房間裡，只剩下窸窸窣窣搔腦袋的聲音。

因材施教

葉教授觀點——

十幾年前，當我家有了小小葉（小兒子）之後，我常常會比較他跟小葉（大兒子）小時候的行為。還記得在嬰兒時期，當我發現小葉爬到牆邊，手伸出去要摸牆上插座時，我會喊一聲「欸！」來制止他。通常小葉聽到這聲「欸！」之後，就會整個人有點怕怕地停在那，不敢再動。可是在小小葉嬰兒時期做同樣的事時，當我發聲「欸！」制止他，我發現小小葉卻是完全不同的反應。

他聽到聲音會轉過來看著我，一副覺得很好玩的樣子。他會繼續笑笑地故意把手慢慢地伸往插座，然後看我的反應。等我氣急敗壞衝過去抱他時，他就會哈哈大笑。

同樣都是嬰兒，行為卻是這麼的不同。我是在我家有了第二個孩子後，才意識到每個孩子的差異是如此大。到後來我創辦了無界塾實驗學校，在我們帶了好多屆學生後，我更清楚地感受到每個孩子都是不同的，即使是同胞兄弟姐妹，也是有著不同的長相、個性、能力、興趣。要讓孩子發揮他的最大潛能，就考驗著爸媽、老師要如何找到每個孩子的優點，進而找出方法讓孩子能好好發展，幫他找到自我的價值，不會感受到被壓抑。

在雙薪家庭的社會形態下，這真的很不容易。因為爸媽們都為了生活而忙，回到家也很少有時間好好陪伴孩子。特別是很多時候，爸媽們也幫孩子安排了很多的課後課程、活動等等，孩子回到家離睡覺也沒剩多少時間了。如果還要寫作業，根本沒什麼留給親子相處的時間了。在這種情況下，又要怎麼去好好觀察、探索出孩子的個性與優點呢？

從曉妍的故事裡，我們可以看到她的孩子在放學後並沒有被安排很多的課程活動，所以孩子在家完成作業後，還有很多自己的時間做自己喜歡的事（閱讀、木工等等）。當孩子有時間做自己喜歡的事，我們當爸媽的才有機會觀察到每個孩子不同的興趣、專長在哪。想想看，如果他們家三個孩子放學後都是被補習、才藝班課程塞得滿滿的，老么的木工長才有可能被看到嗎？所以要因材施教，我認為一個重要的關鍵是給孩子夠多的自主時間去探索，爸媽才能觀察到不同孩子的差異。

除此之外，我覺得曉妍另一個很值得爸媽們參考的做法，就是她常常跟孩子們聊天。不管是吃飯、洗完澡、睡前，她常常都會找機會跟孩子聊天。而且從這些聊天當中，得到更多新的發現。這也讓我們看到了，不是陪孩子時間久就是好，重點是質，而不是量。像曉妍即使工作非常忙碌，也會在工作之餘陪孩子聊天，這種有品質的陪伴讓她可以更了解孩子。

而且您有發現嗎？曉妍跟孩子的聊天過程中，很少跟孩子說「你要做……」「你應該……」這類批判、教導式的話語，就只是聊天，沒有壓力的聊天，讓孩子自在地說出自己的想法。爸媽願意傾聽的親子聊天，真的很可貴。大部分的爸媽都是孩子講沒兩句話，就急著說結論要孩子做這做那的。所以到後來，孩子根本不想跟爸媽聊天了，親子不對話，爸媽就更難有機會了解孩子的狀況，更遑論因材施教呢？

最後，要因材施教，我認為還有一個很重要的關鍵，就是對孩子的感受要能同理，要有一個敏感的心。以曉妍家中三個孩子為例，長女在姐弟之中的地位是最高的，也有著讓

弟妹們尊敬的長處；老么小咕有著自己的木工長才，和外放的個性，加上年紀小比較容易受到其他大人的關注。在這種狀況下，媽媽會特別關心次女是否會找不到自己的定位而失落，所以在聊天時會給她鼓勵跟自信，幫孩子找到她自己的優點。要能做到對孩子的因材施教，如果爸媽沒有一顆對孩子同理跟敏感的心，是很難看到不同孩子的需求並給予關懷跟協助的。

如果您願意給孩子更多的空間，願意花時間跟孩子聊天、了解孩子，再加上對孩子同理跟敏感的心，我相信您一定也會成為對孩子因材施教的好爸媽的！

09

在孩子的成長中成長

其實任何捷徑與說法，選擇哪一種，都能解釋得通。
所以你以為自己押對解對題了好棒，實際上都是孩子們因為愛你、願意聽你的。

神聖的柚子茶

下午陪長女去一個織品研究工作室，為了學校的專案主題。老師幫忙聯繫牽線，推薦她去拜訪。拜訪結束後，我們一起走去搭捷運。

「呃，媽……」她有點為難地問：「你會不會覺得陪我來聽這個很浪費時間？」

她是個很實際的人，這種實際也同理在別人身上。

我說：「一開始的確覺得自己的時間被切割、事情被耽誤了，不過現在很高興有陪你來。雖然這一趟得到的知識，可能因為人生的走向比較確立而用不上，但欣賞到無價的精神，我覺得很感動。」

老師用假日陪學生來拜訪專家，工作室的老師也特地在非開放日為一個素未謀面的孩子細心解說自己多年的織品研究。我聽得很有樂趣，像當了兩個多小時的學生。

講到這裡，我才知道長女對此也很吃驚。她說她得再思考一下，關於自己性格上的功利，和無所求去幫助他人這件事。

接著還說有點擔心，很怕自己花了家裡這麼多資源，每月每年繳的學費逐年疊增，高額投資的結果長大是一個廢材怎麼辦？

嘖嘖，不得不說，身邊沒那兩隻暴走小動物，對話的品質就是高啊！

我不諱言地告訴她，養孩子真的很燒錢，然而我也不是一個全然奉獻的媽媽。會衡量該付出到哪種程度算合理，不至於傾盡所有。所以她可以心安理得地拿取應得的資源，努力練好未來出去闖盪的武功就行了。

當媽媽其實也並非沒有獲得。人自己長大，也就長大了，而陪伴別人長大，體驗到的是真實的成長，真實的愛與精神摧殘，真實的花錢如流水，真實的對人生負責。

我們步出家附近的捷運站，旁邊正好是一家韓式料理，我閃身進去買了一杯柚子茶，店員問就這樣？對，就這樣。

次女和么子很愛這一味，但平常含糖飲料不給喝，所以即將到來的開心可想而知。

一邊走往家的方向，老母一邊做好心理建設。因為根據經驗，只要出門一段時間返家，必定有驚喜（更多時候是驚嚇）等在家裡。

打開家門，「媽咪！你看你看！」果然立即被兩隻小動物拉著在屋裡拖行。他們摺好衣服、整理好玩具、還吸了地板。展示完畢後不忘誇讚自己很棒，是獻寶的概念。當然，也有點擔心媽媽和姐姐出門一趟，有沒有建立起什麼神祕的偏心。

參觀完兩傻所有的乖孩子事蹟，老母報

以大驚小怪的連聲讚美。真是太好了，這次的驚喜不是把屋子炸開。

這時，我緩緩地，從袋裡取出冰柚子茶，這是一杯代表著「媽媽就算在外面還是有想到你們喔！」的神聖柚子茶。而兩傻，果然不負眾望的歡天喜地，小隻的就是可愛好對付。（笑）

風中的詩篇

次女沒上安親班和課後補習班，作業都是在家寫。

不是媽媽想折磨自己，也不是有多反對外包孩子。原因一來是，寧可她放學趁天還亮著，先跑跳一下，胃口奇差的瘦小猴晚飯可以吃得沒這麼痛苦。二來是，如果送補習班加強，不過是讓數學考卷從五、六十分變成七、八十分，想想還是算了吧！

然而，自從下了這個決定，老母多了一件差事姑且不說，對於自身，竟有了全新的認識。

本來生性樂觀積極的生母本人，遭逢困難總會自然激增的腎上腺素，看見數學題，它不分泌。而心智方面，也有所成長，久而久之，學會與小學生那些我應會而不會的題目和平共處，不自責，亦不強求。泰然放下做對小四數學題的執念，變得更臻成熟，也更豁達了！

這天，外食的晚餐後，我牽著孩子，漫步在鬧中取靜的巷弄中，往家的方向。

我們開心的談天說地，生養多的家庭，發言順序有一定的默契。換次女說話了，她仰起小臉，路燈映照得雙眼晶亮，說有疑惑求解。

「好啊！你說說看。」好媽媽一定知無不言，老母優雅地將臉頰上的髮絲塞到耳後，壓低身子細細聆聽。

次女問：「三位數，什麼4什麼，是3和10的公倍數，同時7是它的因數。請問這個三位數是？」

這這……這些是微涼初秋，飄散在風中的詩篇嗎？寓意深遠，老母我需要計算紙。

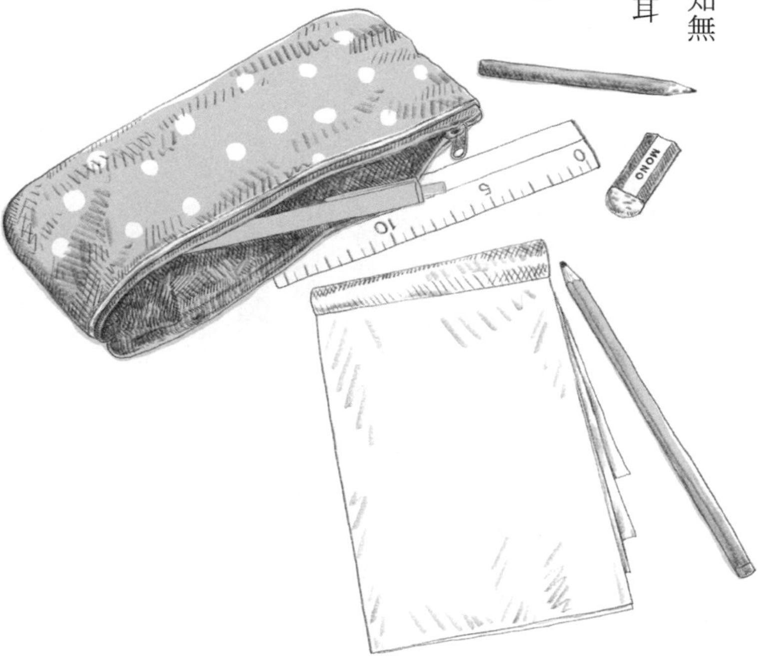

生母的耐挫度

清早五點起床工作，七點多，三隻陸續醒來了，在我身旁蛇來蛇去。

「媽咪，你愛我嗎？」次女想起什麼似地靠過來，吞吞吐吐。

「愛啊。」先確定愛的起手式，肯定不是什麼好事。

「你對我有信心嗎？」次女又問。

「呃，稍微，還是有的……吧？」可怕可怕，預感不妙。

「我做什麼事你都會原諒我嗎？」次女再問。

「這很難說。」鋪陳太久，老母不耐煩了：「快說！什麼事？」

「我，我期中考數學只考73分……」她邊說，同時把身體靠在我桌邊，雙手緊緊握住我平放在桌面的手腕，彷彿要我念及母女一場，切勿衝動。

我聽完，輕輕地放下手中的筆，拍拍她的手背，慈藹地說：「什麼？我們家小滴這麼棒嗎！今天下午帶你們去看場電影，看完再去吃一蘭拉麵慶祝如何？」

孩子你忘了嗎，媽媽自從看過你上學期那張48分的考卷，就再也沒有分數能困擾得了我，人生就此解鎖，耐挫度又向上攀升一個級別了啊！

乍聽到突如其來的夢幻行程，三隻先歡聲雷動再說。熱熱鬧鬧了一會兒，長女領著弟妹去吃早餐。走出房門前，聽見次女低聲問姐姐：「姐，媽咪她怎麼了？」

長女拍拍妹妹的肩膀說：「傻瓜！這叫做沒有期待，就沒有傷害啊！」一臉了然於心。

同理小孩

葉教授觀點——

同理小孩這件事，非常重要。許多親子間的衝突，都來自於爸媽對孩子無法同理，沒耐心好好說話，只想孩子乖乖聽話、照他們的指示做。沒有同理孩子，會導致孩子逐漸失去對爸媽的信任，一旦信任不在了，孩子很多事情也就不願意跟爸媽分享。當親子間的對話愈來愈少、爸媽對孩子的了解愈來愈不足，同理更不會發生，衝突也就更頻繁。親子關係的惡化，將從此陷入惡性的循環。

所以，要有好的親子關係，就必須要同理孩子。然而，同理孩子並不代表放任、縱容，不是說孩子做什麼事都是對的、說什麼話都可以。所謂的同理是要能從孩子的觀點去理解他為什麼會那樣做、那樣想，也讓孩子知道爸媽是有設身處地從他的角度想。孩子認為您懂他，他也才願意跟您討論。一旦進入到討論的階段，爸媽也才有機會跟孩子探討他原本的想法、做法有什麼問題，會造成什麼樣的結果，以後如果遇到同樣的狀況怎麼做才會比較好等等。

孩子的想法當然會有很多不成熟之處，但如果孩子只要一有不成熟的想法，爸媽第一個反應就是對孩子威權式地喝止、教訓，孩子真的在當下有學到爸媽要教他的嗎？通常是沒有。當爸媽責難他的時候，孩子除了在防禦狀態外，他也學到了「多說多錯、少說少錯」的求生之道。以後有什麼想法，都不能輕易地告訴爸媽，不然又被修理，豈不倒楣！如果您的孩子，刻意在您面前隱藏他的想法，您又如何發現他的不成熟之處？又如何有機會讓他變得更好？

爸媽如果要對孩子展現同理心，讓孩子有感，要從什麼事情開始呢？其實家庭生活中的大小事情都可以。但在所有事情中，要展現同理而且讓孩子很有感的，我認為最難卻也是最容易的，就是如何看待孩子的考試成績這檔事。

為什麼說最難呢？因為大人常常會用自己的角度去看待孩子。從大人的角度來說，孩子學校學的、考試考的東西，感覺很簡單。所以當孩子學不好、考不好的時候，爸媽常會有個念頭：「這個東西這麼簡單，你怎麼會考成這樣？」尤其是在面對低年級的孩子，或是爸媽自己學歷比較高，這種狀況尤其容易出現。但爸媽們往往忽略了，很多學校教的東西，觀念對大人來說很簡單，但對第一次遇到的孩子來說是非常困難的。

舉例來說，幾年前曾有爸媽在網路發文批評小學教概數，說：「學校要小學生計算799－101時，把799當做約800、101當做約100，然後算說答案約為800－100＝700，這種東西這麼簡單是有什麼好教的！浪費孩子的時間！」固然概數對日常生活都在用的大人來說很簡單，但大家卻忽略了，這對小學生來說，在學概數之前的數學，答案少1都是錯，但現在突然又被教說可以把799當做800來看、101當做100來看，這種「近似」的價值觀，對過去計算都被要求「精確」的小學生而言，是很難在一開始就接受的。

身為爸媽，您是否曾從這樣的角度，去同理孩子無法理解的觀念呢？這就是為什麼我說在看待孩子考試成績時，爸媽們要同理孩子為什麼會考不好，是相當困難的。但為什麼前面我又說，展現同理讓孩子有感，最容易的也是看待考試成績這檔事呢？

道理很簡單，對台灣這樣在乎考試成績的社會來說，大部分的孩子都還是會擔心考試考不好的。所以您的孩子如果考試沒考好，回家的時候心裡是會七上八下的。這時如果看到考卷的爸媽，沒有發脾氣，而是願意展現同理去了解的話，您的同理會讓原本準備要挨罵的孩子馬上有感。這也是為什麼我會鼓勵爸媽，要練習同理的話，可以先從看待孩子的考試成績開始，因為孩子會很快就會感受到您的改變！但同理不代表放任，而是從孩子的角度去了解他學習的問題卡在哪，然後跟他一起尋找學習的策略，這樣的同理才會讓孩子持續進步。

所以，在書中您常看到曉妍在孩子面前自嘲是笨媽媽。其實，她一點都不笨呢！試問，如果爸媽在孩子面前就是非常厲害、非常聰明的學霸形象，您覺得孩子能在學習的這件事情上，指望爸媽能同理他所遇到的種種挫折嗎？真正厲害的爸媽在孩子面前總是大智若愚，書中自嘲是笨媽媽的曉妍，當中可是蘊藏著她同理小孩的高深智慧呢！您有看出來了嗎？

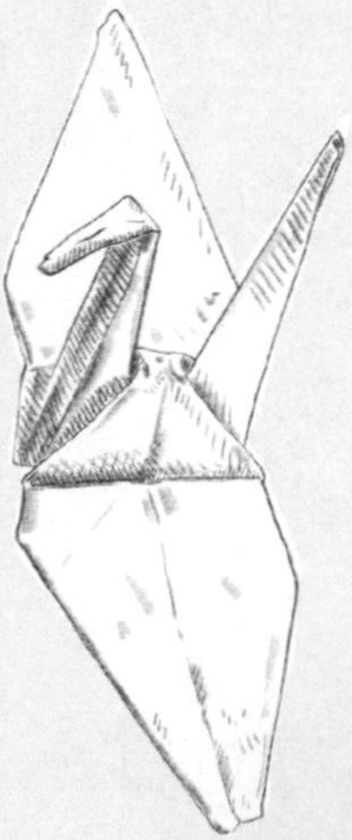

葉丙成臉書

葉丙成Benson
粉絲專頁

賴曉妍臉書

無意良母／賴曉妍、葉丙成著；賴曉妍繪 -- 第一版 --
臺北市：親子天下，2021.08
160 面；14.8×21 公分 --（家庭與生活；71）
ISBN 978-626-305-069-3（平裝）

1. 親職教育　2. 家庭教育　3. 育兒

528.2　110012549

家庭與生活 071

無意良母

作者／賴曉妍、葉丙成
插畫／賴曉妍

責任編輯／楊逸竹
文字校對／魏秋綢
封面暨版型設計／ Ancy Pi
內頁排版／連紫吟、曹任華
行銷企劃／林靈姝

發行人／殷允芃
創辦人兼執行長／何琦瑜
總編輯／陳雅慧
總監／李佩芬
副總監／陳珮雯
資深編輯／陳瑩慈
資深企劃編輯／楊逸竹
企劃編輯／林胤孝、蔡川惠
版權專員／何晨瑋、黃微真

出版者／親子天下股份有限公司
地址／台北市 104 建國北路一段 96 號 4 樓
電話／（02）2509-2800　傳真／（02）2509-2462
網址／ www.parenting.com.tw
讀者服務專線／（02）2662-0332 週一～週五 09:00~17:30
讀者服務傳真／（02）2662-6048
客服信箱／ bill@cw.com.tw
法律顧問／台英國際商務法律事務所・羅明通律師
製版印刷／中原造像股份有限公司
總經銷／大和圖書有限公司　電話／（02）8990-2588
出版日期／ 2021 年 8 月第一版第一次印行
定　價／ 350 元
書　號／ BKEEF071P
ISBN ／ 978-626-305-069-3（平裝）